天然酵母面包

〔日〕安子（ANKO）◇著　　马金娥◇译

中国民族摄影艺术出版社

前言

你是否有兴趣用随手可得的食材和水来制作酵母和面包。

无须一次性制作大量酵母。

只要根据自己所需，培养适量酵母，烤制出当天食用的少量面包即可。

选择不同的食材制作酵母时，餐桌上就会出现不一样的面包。

请尝试着培养自制酵母，每天为自己和家人烤制当日食用的面包或甜点吧。

酵母的制作主要以全年都可以使用的葡萄干或黑麦酵母为主，同时还可以加入少量当季食材培养的酵母，享受当季的美味。

虽然只是一个小小的面包，但如果用亲自培养的酵母制作，就成为了独一无二的自制酵母面包。

就像每天做的家常菜一样，自制酵母面包也可以做出基本款面包、甜甜的面包或甜点等各种各样的"款式"，希望大家可以像做料理一样烘焙出这些日常美味。

每天都努力将面包做得更好吃一点。

如此，烘焙自制酵母面包就会成为自己的日常活动，融入每天的生活。

如果您平常喜欢制作天然酵母面包和甜点，本书若能够带来一点帮助，我将不胜喜悦。

bochun-cafe

ANKO

2

目录 contents

Part 03

自制天然酵母甜点

〈书中配方的相关说明〉

◉ 水

配方的材料表中标注的"纯净水",是指经过净水器过滤的自来水。并不是白开水或矿泉水等其他种类的水。

在培养酵母时,氧气是必不可少的。煮沸后,水中的氧气含量会减少很多。此外,如果使用矿泉水,要避免使用碱性水,建议选择中等硬度的水。这是因为偏碱性的水会妨碍酵母的发酵。而如果使用软水,则会导致面团或酵母种松软坍塌。

◉ 材料

黄油使用无盐发酵黄油,砂糖如无特别说明一般都使用蔗糖。

盐使用盖朗德(Guerande)盐之花,起酥油使用有机起酥油。

◉ 烤箱

本书中使用的烤箱是燃气烤箱。如果使用电烤箱,则需要根据烤箱类型来调整烘焙温度。不要延长烘焙时间,而是要通过调整烘焙温度在规定时间内完成烘焙。

◉ 温度与时间

在介绍自制酵母的发酵、面包的一次发酵和二次发酵等工序时,虽然标明了相应的适宜温度和所需时间,但只作为一个参考。

由于酵母的状态会随着季节和环境的变化而发生变化,所以一定要通过自己的五感来确认酵母的状态。

因此,即使酵母的状态与书中所写的不一样,也不需要太担心。

Part
01

″″ 自己动手培养天然酵母 ″″

基础款葡萄干酵母（液种）

材料

葡萄干····················· 100g
纯净水····················· 300g
蔗糖······················· 15g
耐热玻璃瓶（600mL）····· 1 个

＊葡萄干与水的比例为 1 : 3。
＊葡萄干要使用不含油的。

准备工作

• 将玻璃瓶煮沸消毒并放置冷却。

＊本书主要介绍如何在室温下培养酵母。适宜温度为 23~26℃（请参考此温度下的酵母培养速度）。不要盖瓶盖，用保鲜膜包住瓶口，再套上橡皮筋固定。

第一天
将所有材料一起放入煮沸消毒后的玻璃瓶中，摇晃玻璃瓶让材料混合均匀。用保鲜膜和橡皮筋代替瓶盖封住瓶口，开始培养酵母。

第二天
葡萄干吸入水分后开始膨胀，瓶中的液体渐渐变成茶色。取下保鲜膜和橡皮筋，摇晃玻璃瓶让氧气进入瓶底。

第二天 ~ 第二天半
葡萄干周围开始有气泡附着，慢慢浮起。

第三天
经过 1 晚后，葡萄干浮至水面，葡萄干之间的缝隙处出现了小气泡。取下保鲜膜和橡皮筋缓慢摇晃玻璃瓶，让氧气进入瓶底。

第四天
瓶中的泡沫变多，葡萄干之间出现大量气泡。

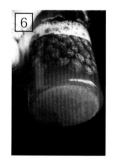

由于酵母菌会沉淀，所以通过瓶底沉淀物的量可判断培养是否完成。图中为培养到第四天的瓶底，还需要继续培养一段时间。

第五天

泡沫变多，液体呈较深的茶色并开始变浑浊。取下保鲜膜和橡皮筋，摇晃玻璃瓶让氧气进入瓶底。图中为摇晃前玻璃瓶的状态。

图中为培养到第五天摇晃前的瓶底。与第四天相比，白色沉淀物增多。再继续放置1天，酵母液就培养完成了。

图中为第五天摇晃后酵母的状态。通过观察泡沫的状态也可以判断培养是否完成。

Point!

如果摇晃后出现较多泡沫，说明酵母菌正在大量生成。摇晃后，稍微静置一会儿，再观察泡沫的量。酵母快要培养完成时，泡沫量会变少，也听不到冒泡的声音。图中为变得"安静"的酵母液。

第六天

瓶中的葡萄干变得比较稳定，无论是摇晃前还是摇晃后都不会起泡。微量的气泡会带起瓶底的沉淀物，液体变成白茶色浑浊液。此时，酵母才算培养完成。

图中为在冰箱中冷藏过的酵母液。使用前，要先将酵母液恢复到室温。再摇晃玻璃瓶，让瓶底的沉淀物进入到酵母液中。

＊参照P76"自制天然酵母中的珍贵沉淀物"。

至此，室温下的培养全部完成。将玻璃瓶放入冰箱中冷藏1天即可使用。

摇晃时的注意事项

摇晃时用手托住瓶底并向左右来回转动（各半圈），让瓶中的材料混合均匀。此外，也可以用煮沸消毒后的工具将所有材料搅拌均匀。

＊葡萄干酵母的培养状态和时间，会根据季节、材料、制作手法等的不同而发生变化。所以每次都要关注瓶中酵母的实际状态。

葡萄干酵母（中种）

材料

❂ 第一次发酵

葡萄干酵母液种……………… 40g

北海道全麦粉……………… 40g

❂ 第二次发酵

一次发酵种……………… 全量

高筋面粉（春丰混合） 60g

纯净水……………… 42g

❂ 第三次发酵

二次发酵种……………… 全量

高筋面粉（春丰混合）… 80g

纯净水……………… 56g

* 使用直径 9cm、高 16.5cm、容量 850mL 的玻璃瓶。

准备工作

• 将玻璃瓶煮沸消毒并冷却。

* 适宜温度为 23~26℃（请参考此温度下的酵母培养速度）。

第一次发酵

将第一次发酵的所有材料放入瓶中，并用干净的器具搅拌均匀，用保鲜膜和橡皮筋封住瓶口，开始制作中种酵母。

4 小时后酵母变为原来的 2 倍大。将酵母放入冰箱中冷藏 6~24 小时，以便进行第二次发酵。

第二次发酵

将第二次发酵的材料放入瓶中，从瓶底开始搅拌，使整瓶混合均匀。等待酵母发酵至原来的 2 倍大。

等待酵母发酵至原来的 2 倍大。为了方便确认可以将橡皮筋套在 2 倍高的地方。使用酵母液种前需要摇晃玻璃瓶，让瓶底的沉淀物进入酵母液中（参照 P76"自制天然酵母中的珍贵沉淀物"）。

编者注：中种发酵法也称二次发酵法，其特点是成品质地细腻，口感绵软，老化较慢。

第三次发酵

3 小时后酵母变为原来的 2 倍大。将酵母放入冰箱冷藏 6~24 小时，以便第三次发酵。

将第三次发酵的材料放入瓶中，从瓶底开始搅拌使整瓶混合均匀。等待酵母发酵至原来的 2~3 倍大。

2 小时后酵母变为原来的 2~3 倍大。将酵母放入冰箱冷藏 1 天以上就可以使用了。

如何延续中种酵母发酵？

· 想要延续中种酵母发酵，需加入瓶内剩余中种酵母 1/2~2/3 量的面粉，以及面粉量 70% 的水搅拌均匀，等到酵母发酵至原来的 2~3 倍后即可使用。

· 我一般会在中种酵母剩下一半时，再加入 70~80g 的面粉和面粉量 70% 的水，然后等到酵母发酵到瓶口处再继续使用。这样反复进行中种发酵。

· 需要注意的是，一定要等到酵母的顶端变平、摇晃玻璃瓶时，整个面团都软软地晃动才行。这样做出来的自制酵母面包就会摆脱厚实、坚硬的口感，变得松软且有弹性。

🌀 夏季培养中种酵母的注意事项

就像炎热的夏天人的身体会变得倦怠一样，中种酵母也会因为环境温度较高而更容易软塌。在发酵过程中酵母不断膨胀扩大，很容易发酵过度。所以夏天时，只需在室温下完成六 ~ 八成的发酵，之后将酵母放到冰箱里培养即可。

用身边的食材制作酵母

柿子干酵母

「材料」

柿子干·························· 1 个
纯净水········柿子干重量的 3 倍
蔗糖···········纯净水重量的 10%

「准备工作」

· 将玻璃瓶煮沸消毒并冷却。

* 使用容量为 600mL 的耐热玻璃瓶。

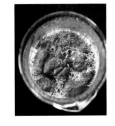

1　用手将柿子干（包含柿子蒂）撕碎后放入瓶中，再放入水和蔗糖。将材料搅拌均匀，用保鲜膜和橡皮筋，封住瓶口，开始制作酵母。

2　温度控制在 23~26℃，放置 4~7 天，部分柿子开始软化，同时出现大量气泡。等泡沫变少，瓶底有沉淀物堆积后继续在室温下放置 1 天，然后将玻璃瓶放入冰箱冷藏 1 天就可以了。使用前要先取出柿子蒂。

西梅干酵母（液种）

材料

西梅干（无油）…………… 100g
蔗糖………………………… 15g
纯净水……………………… 300g

* 西梅干与水的比例为 1：3。
* 使用容量为 600mL 的耐热玻璃瓶。

准备工作

• 将玻璃瓶煮沸消毒并放置冷却。

* 适宜温度为 23~26℃（参考此温度下的酵母培养速度）。

· 第一阶段 ·

第一天
将所有材料放入瓶中，搅拌均匀，用保鲜膜和橡皮筋封住瓶口，将瓶子放置于室温下。

第二天
西梅干吸入水分后开始膨胀，但气泡并不明显。揭开保鲜膜，搅拌均匀，让氧气进入瓶底。再用保鲜膜和橡皮筋封住瓶口，将瓶子放置于室温下。

第三天
西梅干继续吸收水分，膨胀变大。虽然看不到明显的气泡，但西梅干周围开始有气泡附着。与第二天一样，搅拌均匀后将瓶子放置于室温下。

第四天
出现大量气泡。揭开保鲜膜，搅拌均匀让氧气进入瓶中，然后再用保鲜膜和橡皮筋封住瓶口，将瓶子放置于室温下。

第四天半
气泡继续增多，几小时后开始出现大气泡，瓶底开始出现沉淀物。搅拌均匀后将瓶子放置于室温下。
* 虽然出现了很多气泡，但发酵并没有完成。

第四天半 ~ 第五天
上次搅拌后的大气泡逐渐消失，气泡变得细小。

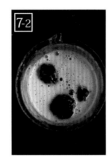

 如果想制作西梅干浓酵母,请继续第二阶段的操作。

搅拌均匀后瓶中出现细腻的小气泡。
*至此面包用酵母液种就制作完成了。将液种放入冰箱冷藏1天后方可使用。

从瓶口观察时看到的状态。

• 第二阶段(西梅干浓酵母)•

第五天~第六天
当液种变成图7的状态时,用手提式搅拌机或其他经过煮沸消毒并冷却的工具将液种搅拌成糊状。尝一下味道,如果没有甜味可以加15g蔗糖(分量外)搅拌均匀。

用手提式搅拌机刚刚搅拌后的状态。

搅拌后,用保鲜膜和橡皮筋封住瓶口,将玻璃瓶放置于室温下几小时后的状态。由于搅拌时混进了大量的氧气,所以液种会继续膨胀,但此时酵母菌并没有增加。继续将玻璃瓶放置于室温下直至气泡回落。

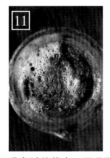 需要将玻璃瓶放到冰箱里冷藏1天左右才可以使用。使用前一定要将瓶中的液种搅拌均匀。

几小时~几天后气泡回落,液种分为两层,浮在上层的西梅干内包裹着很多气泡。

从瓶口观察时的状态。至此西梅干浓酵母的制作就完成了。

ANKO 私家配方黑麦鲁邦酵母（液种）

材料

◉ 第一阶段

黑麦粉（北海道产精磨面粉）… 40g

纯净水·················· 40g

蔗糖·················· 4g

◉ 第二阶段

一次发酵种·················· 全量

纯净水·················· 80g

*使用直径 8cm、高 13cm、容量为 450mL 的玻璃瓶。

准备工作

• 将玻璃瓶煮沸消毒并放置冷却。

• 选择玻璃瓶时，要考虑到瓶子的容量与液种量的匹配。将材料放入瓶中时，材料要能达到一定的高度才行。

• 如果使用的瓶子太大，液种摊开后只有薄薄的一层，在开始发酵前就会变干、发霉。

*适宜温度为 23~26℃（参考此温度下的酵母培养速度）。

· 第一阶段 ·

将黑麦粉、水和蔗糖放入瓶中，搅拌均匀，用保鲜膜和橡皮筋封住瓶口，等待材料发酵至原来的 2~3 倍。最佳时间为 24~48 小时。

图为刚刚搅拌好的材料。从瓶口可以清楚地看到搅拌后的痕迹。

> 如果在高温环境下培养，酸味就会变重。使用这样的酵母制作面包，面团容易失去弹性，变得软塌。

经过 24~48 小时发酵后的状态。

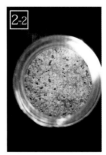

从瓶口观察时，可以看到搅拌的痕迹已经消失，发酵种的表面变平，布满了细小的气泡。

第一天

往第一阶段的发酵种中加水并将全部材料搅拌均匀，尤其要注意搅拌瓶底，然后用保鲜膜和橡皮筋封住瓶口，继续培养。

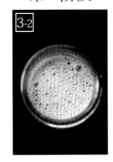

此阶段出现的气泡，是第一阶段发酵种内的气泡跑到外面形成的。此时还没有产生新的酵母菌。

第二天

大气泡变得细腻，从沉淀的黑麦周围浮现出很多小气泡。用干净的木铲将整个瓶中的材料搅拌均匀，然后继续培养。

Point! 当气温较高时，黑麦等材料产生的气泡甚至会让保鲜膜鼓起来，但此时酵母种的培养还没有完成，需要继续培养。

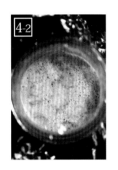

从瓶口观察时的状态。

重要的不是气泡的量，而是要看沉淀的黑麦内有没有产生新的气泡。气泡的大小会随着季节和气温的变化而变化。

第三天

沉淀的黑麦之间会浮出很多气泡，仔细观察可以看到气泡是从黑麦内侧静静地上浮。搅拌均匀,继续培养。

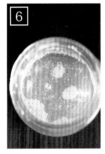

第四天

浮到上面的气泡大幅回落。此阶段酵母菌大量生成，需要慢慢等待，小心守护。摇晃玻璃瓶会有气泡冒出。搅拌均匀，继续培养。

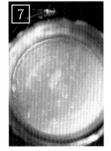

第五天

液种变稳定，几乎看不到气泡。室温下的操作到此为止。用干净的器具搅拌均匀，尤其要注意搅拌瓶底，让氧气进入酵母液内。将瓶子放入冰箱冷藏 1 天以上，让酵母种继续缓慢发酵。

酵母液种的保存

· 不管是黑麦鲁邦种还是其他自制酵母，将制作完成的酵母液放入冰箱中进行低温保存时，酵母菌还是会一点点地增加。

· 当盖上瓶盖保存时，需要定期让氧气进入瓶内。如果瓶中没有氧气就会有酒精生成，从而导致酵母液停止发酵，酵母菌不再增加。

· 如果用保鲜膜和橡皮筋封住瓶口保存，虽然会有少量氧气一点点进入瓶内，但还是要定期揭开保鲜膜让氧气进入。

· 当瓶内氧气耗尽时，乳酸菌和其他细菌就会增加，液种的酸味变强。乳酸菌具有抑制杂菌的作用，让少量氧气进入瓶中既可以避免乳酸菌过度增加，也可以防止其他细菌变多。在制作黑麦粉比例较高的面团时，液种中的酸还会使没有面筋的黑麦粉发酵膨胀。

黑麦鲁邦酵母（中种）

❸ 第一次发酵

黑麦鲁邦液种···············80g
北海道全麦粉···············60g

❸ 第二次发酵

一次发酵种···············全量
高筋面粉（春恋100）····· 60g
纯净水···············50g

❸ 第三次发酵

二次发酵种···············全量
高筋面粉（春恋100）····· 80g
纯净水···············68g

＊使用直径9cm、高15cm、容量为850mL的玻璃瓶。

准备工作

• 将要用的瓶子洗净晾干。

＊适宜温度为23~26℃（参考此温度下的酵母培养速度）。

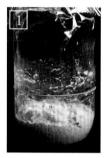

第一次发酵

将黑麦鲁邦液种和北海道全麦粉装入瓶中，搅拌均匀，让酵母表面呈平整状态。用保鲜膜和橡皮筋封住瓶口，将瓶子放置于室温下，等待酵母发酵至原来的2倍大。

4~6小时后

图为发酵至约2倍大的酵母。将玻璃瓶放到冰箱中冷藏6~8小时，继续第二次发酵。

第二次发酵

将第二次发酵的材料放入瓶中，从瓶底开始上下搅拌均匀。继续将玻璃瓶放置于室温下，等待酵母发酵至原来的2倍左右。

2~3小时后

图为发酵至约2倍大的酵母。将玻璃瓶放入冰箱中冷藏约6~8小时，以便第三次发酵。

第三次发酵

将第三次发酵的材料放入瓶中，从瓶底开始上下搅拌均匀。等待酵母发酵至2.5~3倍大。

2小时前后

发酵至2.5~3倍大的中种酵母。将酵母放到冰箱中冷藏6~24小时，就可以使用了。

 利用剩余的酵母培养更多的中种酵母，可向瓶中加入剩余中种酵母重量1/2~2/3的面粉（春恋100），然后加入现在瓶内总量的80%~90%的水，搅拌均匀，继续中种发酵。季节不同加水量也不一样，夏天时要少加水。本书使用面粉中发酵性能较好的"春恋100"进行中种发酵。虽然可以持续培养出健康的中种酵母，但为了保证酵母风味浓郁，每次持续中种发酵都要待酵母发酵膨胀后，再进行下一步的操作。详细操作可参考P19"黑麦鲁邦液种的持续发酵"。

黑麦鲁邦液种的持续发酵

材料

🌑 第一阶段

黑麦鲁邦液种

相当于黑麦鲁邦液种重量 70% 的黑麦
粉（北海道产精磨面粉）

＊适宜温度为 23~26℃。

🌑 第二阶段

第一阶段发酵种的全量
与第一阶段发酵种等重的纯净水

· 第一阶段 ·

往黑麦鲁邦液种中加入黑麦粉，搅拌均匀。大约 1 天的时间，液种会发酵至原来的 2~3 倍大。
此时就可以进入第二阶段了。

· 第二阶段 ·

1 第一天　将水加入发酵至 2 倍大的液种中，搅拌均匀。
＊此阶段的气泡状态请参照黑麦鲁邦液种（P16）。

2 第二天　沉淀的黑麦粉之间开始出现很多气泡。用干净的木铲等搅拌均匀，继续培养液种。

3 第三天　沉淀的黑麦粉产生了大量气泡并开始向上漂浮。

4 第四天　气泡大幅回落，完成培养。将液种放入冰箱冷藏保存。
＊让液种持续发酵的操作时间要比第一次培养液种时稍微短一些。

麦麸酵母

🌑 第一阶段

小麦麸……………………	15g
纯净水……………………	20g
蔗糖………………………	2g

🌑 第二阶段

第一阶段发酵种……………	全量
纯净水……………………	35g

麦麸中种酵母

🌑 第一次发酵

麦麸酵母液种……………………	全量
北海道全麦粉…………………	55g

🌑 第二次发酵

一次发酵种…………………	全量
高筋面粉（春恋 100 ）……	55g
纯净水　…………………	45g

🌑 第三次发酵

二次发酵种…………………	全量
高筋面粉（春恋 100 ）……	80g
纯净水……………………	68g

＊制作方法和制作顺序请参照黑麦鲁邦液种（P16）。

🌑 在气温较高的夏天，液种很容易变得软塌。所以，只需在室温下将液种培养至六~八成即可，液种在冰箱内
的低温环境中也可以充分地完成培养。成功地培养出液种，就可以吃到柔软的自制天然酵母面包了。

用身边的食材来培养酵母

柠檬干酵母

⌈材料⌋

柠檬···················· 2 个（无农药）
纯净水·········· 柠檬重量的 2~2.5 倍
上白糖····· 纯净水重量的 10%~15%

* 我个人比较喜欢柠檬色所以使用了上白糖，在制作时可以根据自己的喜好来选择砂糖。
* 使用直径 8cm、高 13cm、容量为 450mL 的玻璃瓶。

⌈准备工作⌋

• 柠檬的两端比较苦，所以要先切掉两端，再将柠檬切成薄片。将柠檬片摆放在晾晒网上，放到通风处阴干 1~2 天。（果实变干后纤维会变得更有韧性，培养完酵母后还可以将柠檬片制成陈皮。）

• 将玻璃瓶煮沸消毒并放置冷却。

* 适宜温度为 23~26℃（参考此温度下的酵母培养速度）。

第一天
如果担心有灰尘，可将柠檬片快速冲洗一下。将所有材料放到瓶中，搅拌均匀，然后用保鲜膜和橡皮筋封住瓶口，开始培养酵母。

第二天
几乎看不到气泡。揭开保鲜膜，搅拌均匀让氧气进入瓶底，再用保鲜膜和橡皮筋封住瓶口。

第三天
可以看到柠檬内部的气泡。揭开保鲜膜，搅拌均匀让氧气进入瓶底，再用保鲜膜和橡皮筋封住瓶口。

第四天
与第三天相比并没有什么明显的变化，但可以看到瓶底堆积有少量的酵母菌等沉淀物。揭开保鲜膜后，搅拌均匀让氧气进入瓶中，搅拌时注意要将瓶底的沉淀物也搅拌起来。

第五天
柠檬果肉中开始噗噗地冒泡。由于瓶子没有完全密闭起来，所以瓶内的气压并不大，也看不到太多的气泡，但此时酵母菌正在生成。揭开保鲜膜，连带瓶底的沉淀物一起搅拌，让氧气进入瓶内。

第六天
与前一天相比可以看到更多的气泡，由于酵母菌增多，瓶中的液体变成白色的浑浊液。

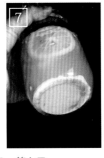

使用时，要先将酵母液恢复到常温后才可以使用。酵母液的口感有点像微苦的柠檬味香槟。

第六天～第七天

确认瓶底，若有一层白色沉淀物就可以结束培养了。取出柠檬片，将玻璃瓶放入冰箱冷藏 1 天后就可以使用了。

用柠檬干酵母中的柠檬制作陈皮和蜜饯

「 材料 」

柠檬……… 培养酵母后取出的柠檬片
上白糖……………………… 100g
纯净水……………………… 150g

1　将水和上白糖放入不锈钢锅或陶瓷锅中煮沸，然后从酵母液中取出柠檬片放入沸水中，用小火煮 10 分钟左右，放置 1 晚冷却。
2　将柠檬片放到烘焙纸上，放入预热至 110℃ 的烤箱中烘烤 30 分钟。如果想制作陈皮，直接往柠檬片上撒些细砂糖（另备）即可。
3　如果想制作蜜饯，先把烘干的柠檬片装到煮沸消毒的玻璃瓶中，再将锅中的糖水熬煮至原来的 1/3，趁热倒入瓶中保存即可。

小番茄酵母

「 材料 」

小番茄………………… 50g
纯净水………………… 100g
蔗糖…………………… 5g

「 准备工作 」

• 将瓶子煮沸消毒并放置冷却。
• 将小番茄轻轻洗净后摘下番茄蒂。

1　轻轻捏破小番茄放入瓶中，再放入番茄蒂、蔗糖和水，搅拌均匀。
2　用保鲜膜和橡皮筋封住瓶口，如果室温 23℃，4~5 天就可以完成酵母的培养。每天搅拌 1~2 次，先拿掉保鲜膜和橡皮筋，再摇晃玻璃瓶让氧气进入瓶底。
3　当摇晃玻璃瓶后几乎看不到气泡，并且瓶底堆积一层白色浑浊的沉淀物时，就可以结束培养了。
4　培养完成后取出番茄蒂，用干净的叉子或手提式搅拌机将番茄果肉碾碎。可以把碾碎的果肉和液种混合后使用，也可以将果肉和番茄蒂取出后再使用，都能享受到番茄的清香。使用时要搅拌均匀，将瓶底的沉淀物全部搅拌到液种中。

草莓酵母

材料

草莓·····················100g
纯净水·····················200g
上白糖·····················20g×2 份

＊草莓与水的比例为 1：2。
＊要分两次加入上白糖。
＊使用容量为 600mL 的耐热玻璃瓶。

准备工作

• 将玻璃瓶煮沸消毒并放置冷却。
• 将草莓轻轻洗净，切掉草莓蒂（制作时还要用到）。

＊适宜温度为 23~26℃（参考此温度下的酵母培养速度）。

• 第一阶段 •

将草莓、草莓蒂、水和一份上白糖放入瓶中，搅拌均匀让氧气进入瓶中，用保鲜膜和橡皮筋封住瓶口，开始培养酵母。

在第二天 ~ 第三天时，草莓周围开始有气泡附着。
＊图中为刚开始出现气泡时的状态。之后还会出现大量气泡。

第四天 ~ 第五天时，草莓的颜色脱落，气泡变少。

• 第二阶段（草莓泥酵母）•

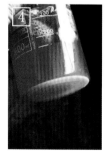

当瓶底有沉淀物堆积时，第一阶段草莓酵母的培养即完成了。可用其制作糕点或面包。使用时要摇晃玻璃瓶，让瓶底的沉淀物和液种混合均匀。如果想制作更熟成的草莓泥酵母，就要进入第二阶段。

取出草莓蒂，加入第二份上白糖。用煮沸消毒并冷却后的手提式搅拌机或叉子，碾碎草莓果肉。

碾碎果肉后经过 12~24 小时，草莓果肉开始发泡并和气泡一起漂浮在酵母液的上方。

 重要的是每天都要揭开保鲜膜一次，搅拌均匀让氧气进入瓶底。温度和时间只作为参考，实际操作中要仔细观察瓶中酵母液的状态。实际酵母培养完成的时间可能要比书中列举的时间短一些或更长。这正是自制天然酵母的特点，也是制作的乐趣之一。

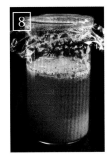

再经过 6~12 小时，鼓起的草莓气泡会变多变高。之后就要等待气泡慢慢回落。

经过 6~12 小时气泡回落，沉淀物增多，至此酵母就培养完成了。使用时要将所有材料搅拌均匀，尤其要注意搅拌瓶底。

一定要尝一尝味道。占比 20% 的砂糖的甜度完全被分解，口感类似于经过熟成的草莓香槟，好喝到让人想要一饮而尽。虽然将酵母液中种发酵后制作出的中种面包非常美味，但用酵母原液（液种）制作的面包更富含草莓的香气，无比美味。

用身边的食材制作酵母

葡萄苹果酵母

「材料」

葡萄（任意品种）、苹果皮和苹果核
.... 共 100g

纯净水......................................250g

蔗糖... 15g

「准备工作」

• 将葡萄和苹果轻轻洗净。

• 将玻璃瓶煮沸消毒并放置冷却。

＊适宜温度为 23~26℃。

1　轻轻捏碎葡萄，将葡萄带皮和枝一起装入玻璃瓶中。将苹果皮、苹果核、蔗糖和水放入瓶中，搅拌均匀让氧气进入瓶底，然后用保鲜膜和橡皮筋封住瓶口，开始培养酵母。

2　摇晃玻璃瓶让氧气进入瓶底，每天摇晃 1~2 次。

3　当气泡变多，酵母液上方仍有很多气泡时说明培养还未完成。当气泡减少、回落，瓶底堆积有乳白色的酵母菌沉淀物时，酵母就培养完成了。将酵母液放入冰箱中冷藏 1 天后就可以使用了。如果在 23℃左右培养，则预计需要 4~6 天完成。

4　使用时要搅拌均匀，让瓶底的沉淀物也融入到酵母液中。将滤除果肉的酵母液恢复到室温后，再用酵母原液（液种）来制作面团。

＊酵母的颜色很可爱，发酵力也非常强。

鲜花酵母（木通）

「材料」

木通的花和嫩芽（无农药）　......适量
纯净水.........装瓶后体积是木通的 2 倍
蔗糖...............　纯净水重量的 10%

「准备工作」

• 将花和嫩芽轻轻洗净。

• 将玻璃瓶煮沸消毒并放置冷却。

1　将木通的花和嫩芽装入瓶中，加入体积是木通 2 倍的纯净水，再加入相当于纯净水重量 10% 的蔗糖，搅拌均匀。然后用保鲜膜和橡皮筋封住瓶口，开始培养酵母。

2　由于花瓣很轻会飘到水面上，所以搅拌的频率要增加到每天 2~5 次。要搅拌均匀，让先溶解到水里的成分能够附着在花瓣上。

3　温度控制在 23~26℃时，3~7 天就可以培养完成。

4　当瓶底有沉淀物堆积时，需要继续将玻璃瓶在室温下放置 1 天，再放入冰箱中冷藏保存。

＊香气由一开始的清爽花香转化成类似蜂蜜的浓浓甜香。有花蜜的鲜花制成的酵母与花瓣柔弱的印象不同，具有非常强的发酵力。

酒糟酵母（液种）

材料

酒糟·····················100g
纯净水·····················400g
蔗糖·····················20g

* 使用容量为 600mL 的耐热玻璃瓶。

* 酒糟最好使用没有加热过的酒糟。

* 培养酒糟酵母时，酒糟与水的比例为 1：4。参考此比例，依个人喜好调整酒糟的使用量。酒糟酵母不仅可以用来制作面包，也可以用来做菜，本书使用了足足 100g 的酒糟来培养酵母。

* 酒糟本来就是发酵食品，加入糖可以使酵母中含有更多酵母菌。

准备工作

• 将玻璃瓶煮沸消毒并放置冷却。

* 适宜温度为 23~26℃（参考此温度下的酵母培养速度）。

如果酒糟是片状的，需要先将酒糟片撕成适当大小后再装入瓶中。如果酒糟集结成块，也需要先将酒糟块切成适当大小。无论是哪种形状的酒糟最后都会自然溶解，不用太过在意。

第一天
将酒糟、水和蔗糖装入瓶中，搅拌均匀让氧气进入瓶底，用保鲜膜和橡皮筋封住瓶口，开始培养酵母。

第二天
与刚开始相比，酒糟正在一点点地溶解。即使酒糟完全溶解，气泡也不会产生变化。

如果环境温度较高，酵母很快就能培养完成。但这样的酵母液制作出的面团会失去弹性，变得软塌，所以要尽量在中低温的条件下慢慢地培养酵母。如果环境温度只有 10℃左右，酵母需要很长时间才会培养完成，自己有时甚至会怀疑是否失败了。此时，只要将玻璃瓶移动到较温暖的地方，酵母液中就会开始产生大量气泡。

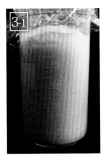

第三天
溶解的酒糟开始向上浮起，酒糟与水的分界消失，瓶中开始出现气泡。

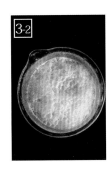

上面开始有气泡冒出。用干净的器具搅拌均匀后继续培养。

第四天
气泡变多。

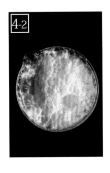

上面的气泡变多，众多的气泡将沉淀物带起，分布到瓶中各处。

第四天半
气泡持续增多，沉淀的酒糟之间密布着许多气泡。

由于瓶中的气体增多，封住瓶口的保鲜膜鼓了起来。

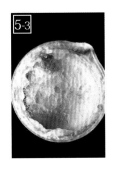

从瓶口观察时，可以看到气泡的薄膜上附着含有**酵母菌**的沉淀物。用干净的器具从瓶底开始搅拌至气泡回落，继续培养。

第五天
大部分气泡都已经回落。

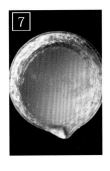

从瓶口观察时，可以看到气泡已经变小。沉淀的酒糟中包裹了许多气泡。将酵母液放入冰箱冷藏1天以上即可使用。

将培养完成的酵母液放入冰箱冷藏1晚以上，即可用酵母原液（液种）或中种酵母来制作面包。此外，酒糟酵母中含有蛋白质分解酵素蛋白酶，因此在中种发酵或制作面包时容易使面团变得软塌。培养温度过高也会造成这种情况。所以在培养酵母以及继续中种发酵时都要尽量在中低温的条件下慢慢进行。

Point!
使用时不用过滤酒糟，要用干净的器具将堆积在瓶底的沉淀物搅起，搅拌均匀后再使用（参照P76"自制天然酵母中的珍贵沉淀物"）。

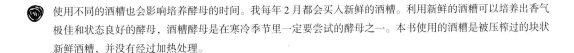
使用不同的酒糟也会影响培养酵母的时间。我每年2月都会买入新鲜的酒糟。利用新鲜的酒糟可以培养出香气极佳和状态良好的酵母，酒糟酵母是在寒冷季节里一定要尝试的酵母之一。本书使用的酒糟是被压榨过的块状新鲜酒糟，并没有经过加热处理。

自制天然酵母让烘焙更有生命力

我第一次培养的酵母是葡萄干酵母。

直到现在我还记得当时紧张的心情，准备好无油的葡萄干，将瓶子消毒，担心犯一点点小错误就会导致失败。

看着瓶内的酵母慢慢出现气泡，对我来说非常具有吸引力。

酵母菌在有氧和糖的环境中，会不断增加。

我在培养酵母时不盖瓶盖，而是用保鲜膜和橡皮筋封住瓶口。这样瓶内就不会产生压力，食材会吸收到充足的水分和氧气，让酵母菌慢慢地增加。

培养完成后的酵母液种，放入冰箱保存时，也要用保鲜膜和橡皮筋封住。用于培养酵母的食材不用取出，放在瓶中即可。

就像在酵母的制作方法中写的一样，在培养过程中要定期打开瓶子，让氧气进入。

酵母液中进入的氧气可以抑制乳酸菌过度增加，阻止其他菌类的繁殖。

培养过程中要尝一尝味道，以确认是否需要往酵母液中补充糖分。

在培养新的酵母时，也可以酵母本身为基础食材来培养酵母菌。

自己在家制作酵母时，并不是说培养完就万事大吉了。

培养完毕后，放入冰箱保存时瓶中的酵母依然在慢慢地生长、变化。

在保存过程中，要注意观察酵母的变化，尽量保持酵母液在良好状态，以便每天都可以用其制作面团。

以上就是我个人对自制天然酵母的思考。

利用带有花蜜的鲜花、糖分和水，也可以培养天然酵母（鲜花酵母 P23 ）。

自制天然酵母的应用

自制天然酵母，除了用来制作面包和甜品外，还可以制作其他料理。在这里，向大家介绍利用自制天然酵母，制作发酵奶油和奶油奶酪的方法。

发酵奶油

「 材料 」方便制作的量

鲜奶油（乳脂肪含量 35% 以上）…… 200g
酵母原液（液种）………………… 20g
＊建议使用柠檬干酵母、葡萄干酵母或其他
水果酵母。

「 准备工作 」

• 将玻璃瓶煮沸消毒并放置冷却。

1　将所有材料放入瓶中，搅拌均匀。

2　控制温度在 23~26℃，让奶油发酵 1~3 天。期间会有气泡产生并有块状物浮起。此时将瓶中的
　　材料移到碗中，然后将碗放在冰水里冷却，同时用打蛋器搅拌均匀至水乳分离。

3　水乳分离后，将黏稠物放到厨房用纸上，在室温下沥干 1 晚，等水分完全沥干后用硅胶刮刀搅拌，
　　去除水分后再放入冰箱保存。

4　可以按照个人喜好加少许盐调味。
　　＊做好后请尽快食用。

低卡奶油奶酪

「 材料 」方便制作的量

牛奶（未调整成分）………………… 300g
原味无糖酸奶（含有乳脂肪成分）…… 80g
酵母原液（液种）………………… 20g
＊建议使用酒糟酵母或柠檬、草莓等水果酵母。

「 准备工作 」

• 将玻璃瓶煮沸消毒并放置冷却。

1　将所有材料放入瓶中，搅拌均匀。

2　控制温度在 23~26℃，发酵 1~3 天直至水乳分离。

3　分离后将黏稠物放到厨房用纸上，放入冰箱沥干水分，冷藏至自己喜欢的硬度，加入少许盐后搅
　　拌均匀，调味后就可以食用了。
　　＊做好后请尽快食用。

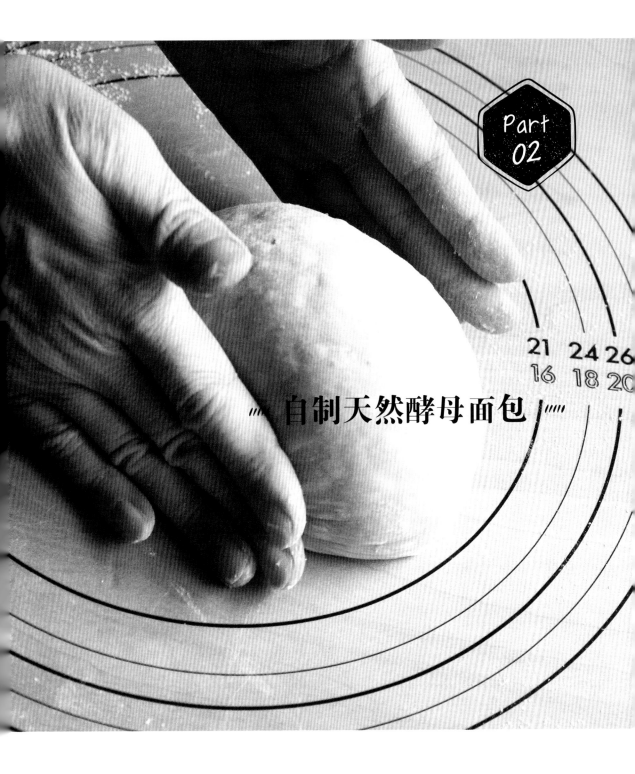

Part
02

""" 自制天然酵母面包 """

21 24 26
16 18 20

田园面包

材料
一个直径约 23cm 的面包的量

中高筋面粉（E65）············· 225g（75%）

全麦粉（春丰石磨面粉）········ 60g（20%）

黑麦粉（北海道产精磨面粉）··· 15g（5%）

蔗糖···························· 15g（5%）

盐····························· 5.4g（1.8%）

纯净水························· 210g（70%）

中种酵母······················ 60g（20%）

* 本书使用黑麦鲁邦种。

* 括号内的数字是以配方中中高筋面粉、全麦粉和黑麦粉的总重量为 100% 的烘焙百分比。

> ### 烘焙百分比
> 配方中的各种材料占面粉总重量的百分比。在制作分量各异的面包时，可以依此计算其他材料的使用量。

准备工作

• 先将中种酵母放到水中泡软。

* 适宜温度为 23~26℃（冷藏发酵时除外）。

--- •制作面团• ---

将除盐以外的所有材料都放入盆中并用手轻轻揉至没有干面粉。

图中为醒面前的面团。将面揉至图中的状态，在室温下放置 30 分钟，此段时间可以增进水合作用和材料的融合。

图中为醒面后的面团。面团开始水合，面筋开始形成。在此状态下开始揉面。

加盐，一边揉面一边由外向内反复折叠面团。揉 80~100 次即可。

图中为揉完后的面团。此时面团的所有材料都已经融合在一起。准备进行排气。

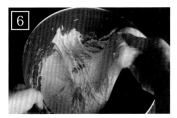

将揉好的面团放置 30 分钟后进行第一次排气。拿起面团的外侧向内侧折叠，沿着面团的周围折叠 4~5 次，完成第一次排气。

醒面

将除盐以外的所有材料轻轻揉成面团，放置 20~30 分钟，让面粉吸收水分进行水合作用（面粉和水融合后可以形成面筋），这一过程称为醒面。

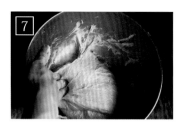

排气时将面团由外向内对折。此时可以让氧气进入面团促进面团的发酵。

图中为完成第一次排气的面团。将排完气的面团在室温下放置30分钟，然后进行第二次排气。

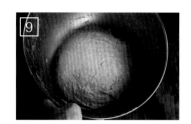

用同样的方法进行第二次排气。图中为排气后的面团。此时面筋已经完全成形，面团变得有弹力。

用保鲜膜盖住面团保持湿润，静置于室温下发酵3~4小时，膨胀到2倍大，此即第一次发酵。将面团放入冰箱冷藏发酵。

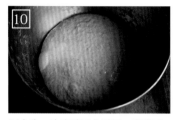

图中为一次发酵后的面团，膨胀到2倍大且变得很松软。保鲜膜盖住面团，放入冰箱冷藏发酵8~16小时。

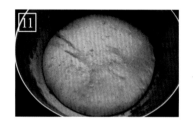

结束冷藏发酵后，将面团在室温下放置30分钟~2小时，让面团恢复到室温的过程中继续发酵。

制作面团时要在24小时内完成室温发酵~冷藏发酵~室温下的最终发酵。

• 整形 •

往盆内已经发酵好的面团上撒一层手粉，然后将面团取出放到操作台上。将面团左右两侧向中间折叠，再从面团底端向上折成三折。

转动面团，将其整形成圆形。为了防止面团变干，用盆或保鲜膜盖住面团，置于室温下30分钟。

静置后，将面团翻转使接缝处朝上，整形成圆形。整形时将面团外圈的面向面团中心处集中，让面团更加紧致。

为了让面团的表面更加紧致，捏紧面团的接缝处。

接缝处朝上，将面团放到撒有薄面的发酵笼（或蒸笼）上，等待面团发酵至2倍大。面团的二次发酵需要1~1.5小时。

图为二次发酵结束后的面团。

 松弛时间就是指让面团放松的时间。

将烘焙纸放到操作台上，然后将发酵笼倒扣在上面，取下面团。用手指点出 4 个点，标示出割包时下刀的位置。

割包。可以用专用割包刀、双刃刀、小刀等在面团上方割出井字形图案。图中使用的是固定在筷子上的双刃刀片。

按照先前留下的标识割出井字形。一边用手指轻轻按住面团，一边割出四条割痕。

割完一条割痕后，连带烘焙纸一起将面团转到适当的位置接着割另一条。

完成割包后的面团。

用喷雾器往面团上喷些水，然后将面团放入预热至 280℃ 的烤箱。当烤箱内的温度降到 220℃ 时再次向烤箱内喷雾，按下启动按钮，烤制 26~28 分钟。在烤制结束 3 分钟前，再次向烤箱内喷雾。
* 以上是使用燃气烤箱时的烤制方法。

割包

一边转动面团一边进行割包。让刀刃顺着一个方向切入，这样割起来会更容易，割痕也比较漂亮。

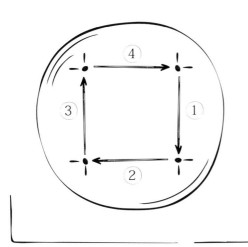

充满焦糖果仁的香甜滋味

咖啡坚果环状面包

材料

一个直径约 23cm 的面包的量

中高筋面粉（E65）………… 150g（75%）
全麦粉（春丰石磨面粉）……… 50g（25%）
红糖……………………………… 16g（8%）
盐……………………………… 3.6g（1.8%）
纯净水………………………… 90g（45%）
牛奶…………………………… 60g（30%）
咖啡粉………………………… 5g（2.5%）
中种酵母……………………… 40g（20%）
焦糖扁桃仁…………………按配方做好的一半量

*本书使用黑麦鲁邦种。
*括号内的数字是以配方中中高筋面粉和全麦粉
的总重量为 100% 时的烘焙百分比。

● 面包馅料 / 焦糖扁桃仁

扁桃仁……………………………………100g
上白糖……………………………………… 50g
纯净水…………………………………… 15g

*适量（一半用于制作面包圈）。

1　如果用生扁桃仁，需要先将扁桃仁放入 140℃ 的烤箱
　　中烤 30 分钟。
2　平底锅中放入上白糖和水，用中火加热，当上白糖溶
　　化开并开始沸腾时加入扁桃仁，用木铲搅拌均匀。
3　扁桃仁周围的糖逐渐开始结晶、变白。中火加热，用
　　木铲不停地搅拌，直到糖液变成焦糖，当焦糖完全裹
　　在扁桃仁上时，将扁桃仁倒在烘焙纸上，摊开冷却即可。

准备工作

• 先将中种酵母放到水中泡软。
• 将焦糖扁桃仁大致切碎。
• 将咖啡粉放入牛奶中泡开。

*适宜温度为 23~26℃（冷藏发酵时除外）。

1　面团从制作到醒面的做法请参照田园面包（P31 1 ~ 13）。将面团整形成稻草包形状后再进行醒面。

2　将面团的接缝处朝上放置，一边排出面团中较大的气泡一边用手将面团整形成 26cm×16cm 的长方形。

3　将切碎的焦糖扁桃仁放在长方形的面团上，由里向外地卷成卷，卷完后将接缝处捏紧，注意要让外层
　　的面比较紧绷。

4　将面团的接缝处朝上放在撒有薄面的厚棉布上，用夹子夹住布的两端进行第二次发酵。等待面团发酵
　　至原来的 2 倍大。发酵时间需要 45~60 分钟（如果没有厚棉布也可以用麻布等代替）。

5　在接缝处撒些薄面，然后将接缝朝下放置，参照全麦贝果（P40 9 ~ 11）的整形方法将面团的一端压
　　平后包住另一端，整形成圆圈。但与全麦贝果不同的是整形时不用将面团反拧。压平一端的收口处内
　　侧 2~3cm 处用喷雾器喷少许水，这样连接的地方就不会轻易剥落。

6　在整个面团表面由内向外割出 2~3mm 深的割痕，每条割痕的间距为 6~7cm。
　　*可以用双刃刀或小刀等进行割包。

7　将烤箱预热至 280℃，用喷雾器在面团上喷些水，将面团放入烤箱。当烤箱内的温度降到 220℃ 时再次
　　喷雾，以 220℃ 烤 18~20 分钟。在结束烤制 2~3 分钟前，再次向烤箱内喷雾。
　　*以上是使用燃气烤箱时的烤制方法。

非常适合在早午餐或郊游时食用！

意式夏季蔬菜佛卡夏面包

材料 ──一个直径约20cm的圆形面包的量

高筋面粉（春恋100）⋯⋯⋯120g（60%）

中高筋面粉（E65）⋯⋯⋯80g（40%）

蔗糖⋯⋯⋯⋯⋯⋯⋯⋯⋯⋯10g（5%）

盐⋯⋯⋯⋯⋯⋯⋯⋯⋯⋯3.6g（1.8%）

纯净水⋯⋯⋯⋯⋯⋯⋯⋯136g（68%）

橄榄油⋯⋯⋯⋯⋯⋯⋯⋯⋯10g（5%）

中种酵母⋯⋯⋯⋯⋯⋯⋯60g（30%）

馅料用蔬菜

半干蔬菜⋯⋯⋯⋯⋯约150g（75%）

{ 南瓜（蒸熟）⋯中等大小1/8个、茄子（用
水浸泡去涩）⋯中等大小1个、四季豆⋯约
10根、小番茄⋯6-8个、玉米粒⋯适量 }

橄榄油⋯⋯⋯⋯⋯⋯⋯⋯⋯1小勺

盐⋯⋯⋯⋯⋯⋯⋯⋯⋯⋯⋯少许

顶饰用香草

罗勒、香芹等香辛蔬菜⋯⋯⋯适量

*本书使用葡萄干酵母。

*括号内的数字是以高筋面粉和中高筋面粉的总重量为
100%时的烘焙百分比。

*将蔬菜分别切成适当大小。如果不喜欢香辛蔬菜可以不
放香草，只在涂了橄榄油的面团上戳几个洞，这样做出的
佛卡夏面包也非常好吃。

*可以按照自己的喜好选择蔬菜。将蔬菜放到烤箱中低温
烤至半干，去除蔬菜中的水分，味道更加浓郁。

将蔬菜全部切成一口大小，放入盆中，加入橄榄油和少许盐搅拌均匀。将蔬菜摆放到铺有烘焙纸的烤箱中，蔬菜之间要留有空隙，然后在110℃的温度下烤制30~45分钟，当蔬菜烤至半干后取出冷却（蔬菜的含水量不同烤制时间也不一样）。

* 适宜温度为 23~26℃。

面团从制作到第二次排气的做法请参照田园面包（P31 1 ~ 9 ）。加入橄榄油后再开始和面。

将第二次排气后的面团放到操作台上。放上半干蔬菜，用刮板等工具反复切开面团叠放，让蔬菜混入到面团中。

将面团揉圆放回盆中，开始第一次发酵。发酵时间6~8小时。

图中是发酵至2~3倍大的面团。将面团放到操作台上，将面团外侧一圈的面拉向中央，捏紧接缝处。

将揉好的面接缝处朝下放置在烘焙垫上，整形成4~5cm厚的圆饼，然后进行第二次发酵。让面饼发酵至原来的2倍大。发酵时间45分钟~1小时。

第二次发酵结束后将适量橄榄油（分量外）涂抹在整个面饼上。将罗勒、香芹等的叶子放在面团上，用手指在面团上有间距地戳几个洞。

放入烤箱前，向面饼上喷充足的雾。这样烤出的面包会有一层脆皮（面包外侧金黄色的部分），上面的香草也不易烤焦。

将面饼放入预热至200℃的烤箱中，以190℃烤16~18分钟。
* 如果烤制中途发现香草要烤焦，可以用铝箔等盖住香草。

如果能在烤制结束3分钟前向烤箱内喷雾，面包的脆皮会更加轻薄。

🌀 混入馅料的面团的特点

加入许多馅料的面团一般发酵得会比较慢。所以要仔细观察面团的状态，让面团能够充分发酵。

可以体现出面粉美味的基本款贝果面包

全麦贝果

材料　4 个的量

高筋面粉（春恋 100）……… 256g（80%）

北海道全麦粉…………………… 64g（20%）

蔗糖………………………………… 16g（5%）

盐………………………………… 5.8g（1.8%）

纯净水…………………………… 96g（30%）

豆浆……………………………… 77g（24%）

中种酵母………………………… 64g（20%）

＊本书使用黑麦鲁邦种。

＊括号内的数字是以配方中高筋面粉和全麦粉的总重量为 100% 时的烘焙百分比。

准备工作

• 将豆浆和水混合在一起，把中种酵母放入其中泡软。

• 将烘焙纸切成 4 张边长约 13cm 的正方形。

＊适宜温度为 23~26℃（冷藏发酵时除外）。

·制作面团·

将所有材料都放入盆中，用指尖将全部材料调和在一起，将面初步揉成团。

揉成团后用整个手去捏面，将掉落的面块也都揉到一起。

当把面全部揉成一团且没有干面粉时，一边配合盆底弧度转动面盆一边揉面。预计揉 3~5 分钟即可。

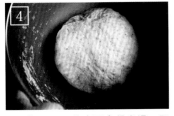

一直揉到面团的表面变得光滑。即使没有完全揉好也没有关系。

将面团装到塑料袋里，仔细塞紧不要留下空隙。

在全麦粉占比较多的时候，可以先将全麦粉和等量的水和在一起，放入冰箱冷藏 6~8 小时。面粉吸收了水分后既可以推进水合的进行，同时也可以减少表皮部分含较多植酸等的不利影响。这样制作出来的面包入口即化。

将袋中的空气排尽后系紧塑料袋。塑料袋会对发酵后变大的面团产生压力，所以在发酵过程中这个压力会帮助面团充分地揉和在一起。

当面团在室温下发酵到适当程度，即完成 40%~50% 的发酵后将面团放入冰箱进行冷藏发酵。室温发酵的时间预计需要 3~4 小时。
＊图片为冷藏发酵结束后面团的状态。

Point!

冷藏发酵预计需要 8~16 小时。因此可以参考自己要烤制的时间适时取出面团使用。在整形前先将面团从冰箱中取出，一定要等到面团恢复到室温后再开始整形（预计需要 30 分钟左右）。如果面团在冰箱里没有发酵，可以将面团取出放置于室温下继续发酵。

• 整形 •

将从塑料袋中取出的面团放到操作台上，轻轻排气后用刮板等工具将面团切成四等份。

用掌根按压面团，一边排气一边将面团按平。

把面团翻过来，将圆边向上叠放在尖角上。

把面团翻过来，尖角朝上，将面团折成三折变为稻草包形，然后用掌根按压面团。

将接缝朝上放置，折两折后把接缝捏紧。

为了防止面团变干要用保鲜膜或湿布等盖住面团，醒面 30 分钟。

醒面结束后将面团接缝处朝下放置，用擀面杖擀成长方形。

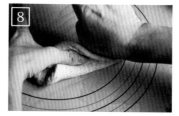

把擀好的面饼翻过来，将两个长边分别向中间折，有少许重叠。再折一次，一边将里层的面压紧一边将收口处压紧，然后将面整形成长 20~22cm 的棒状。

用拇指的指根将面的一端压平。

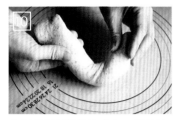

将细长的面棒像拧毛巾一样扭转。从面棒的中间位置开始拧，这样在收成圆形的时候收口处就会在反作用力的影响下更加牢固、漂亮。

用扁平的一端包住另一端。捏紧面圈内侧的收口处。

将面圈放到切割好的烘焙纸上进行第二次发酵。发酵时要用塑料袋等将面圈盖住以防面圈变干。

结束二次发酵。预计需要40~60分钟（发酵时间仅供参考。实际操作的时候一定要用手指轻轻碰一下面圈，确认面圈内部是否已经变得柔软）。

Point!

如果喜欢口感扎实的贝果面包，可以缩短二次发酵的时间。

在一口较大的锅中装入适量水并放入1大勺糖（分量外）。用中小火加热，直至锅底开始出现一点点小气泡。

Point!

水煮面圈结束后立即进行烤制，烤出来的面包就会非常有光泽。所以在水煮面团前就应该先将烤箱预热。

将带着烘焙纸的面团放入锅中，不带烘焙纸的一面朝下。遇水后烘焙纸会自然脱落，将脱落的烘焙纸摆放到烤盘上。先煮1分钟，翻面后再煮30~60秒，正反面都要煮。

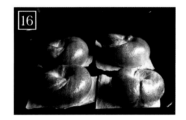

煮好的面圈要马上放入烤箱烤制（决定面包色泽的关键点）。将面圈放入预热至210℃的烤箱中，以200℃烤16分钟。

＊以上是使用燃气烤箱时的烤制方法。

掌握水煮的技巧，做出色泽鲜艳的贝果

· 如果水煮时的水温较高，烤制出来的面包色泽也会比较好。但是需要注意的是，太过沸腾的水会对面团造成损坏。

· 如果水煮时的水温较低且水煮时间也比较短，烤制出来的面包色泽就会比较暗淡。

· 如果在使用的面粉中加入全麦粉或黑麦粉，水煮后的表面会变得凹凸不平，烤制出来的面包也比较没有光泽。

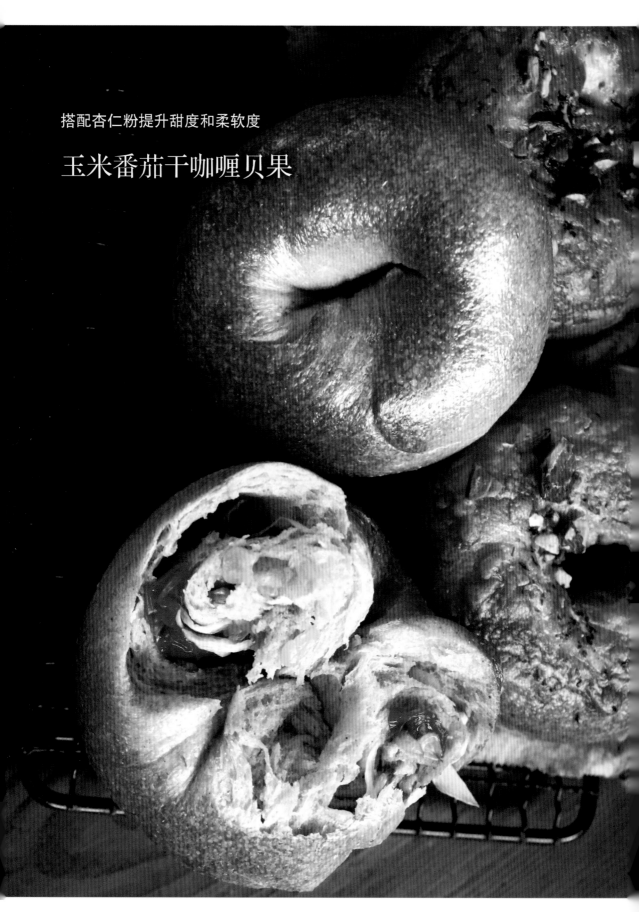

搭配杏仁粉提升甜度和柔软度

玉米番茄干咖喱贝果

材料　　4 个的量

高筋面粉（春丰 blend）·········	272g（85%）
杏仁粉·········	48g（15%）
咖喱粉·········	9.6g（3%）
蔗糖·········	16g（5%）
盐·········	5.8g（1.8%）
牛奶·········	106g（33%）
纯净水·········	64g（20%）
中种酵母·········	64g（20%）

* 本书使用酒糟酵母。利用酒糟酵母发酵的面会散发出奶酪似的香气。

* 括号内的数字是以配方中高筋面粉和杏仁粉的总重量为 100% 时的烘焙百分比。

◉ 馅料

小番茄、冷冻玉米粒、紫洋葱
·························· 各适量（半干）

◉ 顶饰

融化的奶酪、扁桃仁（切碎的）、香芹
·························· 各适量（半干）

1　基本的做法请参照全麦贝果（P38）。在整形的第⑦步将面团擀成 16cm×13cm 的薄长方形，放上馅料，并轻轻用手按压让馅料附着在面饼上，然后将面饼紧紧地卷成卷，最后收口的时候要让面卷的表面比较紧绷，同时也要将接缝处捏紧。

2　将面卷搓到约 20cm 长并扭转成环状，然后进行二次发酵。之后的水煮和烤制也请参照全麦贝果（P38）。

3　将顶饰材料放到水煮后的面圈上并轻轻按压，为了防止被烤焦，需要先用喷雾器喷少许水后再将面圈放入烤箱中烤制。

4　立即将面圈放入预热至 200℃的烤箱中，以 190℃烤 15 分钟。

<半干番茄>
将番茄切成两半，切面朝上，轻轻在切面上抹少许盐，然后将番茄放到 110℃的烤箱中烤 90 分钟，烤完后直接将番茄留在烤箱内放置冷却。
* 用低温慢慢烤干，这样食材的颜色会比较漂亮。

<半干玉米粒>
将冷冻的玉米粒直接摊放在烤盘上并在 110℃的烤箱中烤制 20 分钟。
* 去掉适当的水分后玉米会变得更甜，也更适合做馅料。

<半干洋葱>
将洋葱切成薄片后摊放在烤盘上，放入 110℃的烤箱中烤制 30 分钟左右。洋葱容易烤焦，在烤的时候要随时注意。
* 可以将这些材料放在一起烤制，由于烤制的时间各不相同，所以要按照顺序将先烤完的食材拿出来。

◉ 半干食材的活用

多做些半干番茄，然后将橄榄油和半干番茄一起装入瓶中就可以制成橄榄油渍番茄干。再加入自己喜欢的香辛料或香草就可以变身成为独具风味的橄榄油渍番茄干。撒在佛卡夏面包或披萨上也非常好吃。我自己会把半干番茄直接冷冻起来使用。

可可粉勾勒出自然美丽的花纹

大理石贝果

材料 4个的量

白面团

高筋面粉（春恋 100）	198g（90%）
黑麦粉（北海道产精磨面粉）	22g（10%）
蔗糖	17.6g（8%）
盐	4g（1.8%）
纯净水	83.6g（38%）
牛奶	35.2g（16%）
中种酵母	44g（20%）

可可面团

高筋面粉（春恋 100）	90g（90%）
黑麦粉（北海道产精磨面粉）	10g（10%）
纯可可粉	9g（9%）
蔗糖	9g（9%）
盐	1.8g（1.8%）
纯净水	42g（42%）
牛奶	18g（18%）
中种酵母	20g（20%）

* 本书使用酒糟酵母。

* 括号内的数字是以配方中高筋面粉和黑麦粉的总重量为 100% 时的烘焙百分比。

馅料

奶油奶酪	每个面团使用20g
柠檬陈皮（参照 P21）	适量

┌ 准备工作 ┐

- 在两个盆中分别放入中种酵母，然后再分别放入水和牛奶将酵母泡软。
- 向奶油奶酪中加入相当于奶酪总量 10% 的糖（分量外）搅拌均匀。这样奶油奶酪由于糖分提高会变得更
  加柔软，处理起来比较容易，也与甜甜的面包更搭配。
- 将柠檬陈皮切成细丝。
- ＊适宜温度为 23~26℃（冷藏发酵时除外）。

先制作白面团，这样可随即制作可可面团。做法请参照全麦贝果(P39)。

用同样的方法揉好可可面团后，将可可面团三等分，然后分散放在白面团上并用手掌向下按压。

简单地将两种面团揉在一起整理成圆团。

＊注意不要过分揉面，否则出不来漂亮的大理石花纹。

Point! 面团的状态会因季节（湿度和温度）的不同而发生变化。揉面的时候可以在旁边准备些水，如果面硬到揉不到一起，可以用手掌蘸些水来一点点地补充水分进行调节。

将揉好的面团装到塑料袋中，排出袋中的空气并将袋口扎紧。

＊面团发酵膨胀后在压力的作用下会形成自然的大理石花纹。

经过 3~4 小时面团开始膨胀后，将其放入冰箱冷藏 8~16 小时。让面团在低温下冷藏发酵直至袋子快要撑破为止。

将面团从袋子中取出四等分，然后按压排气。将面团都揉成圆形后醒面，在室温下放置 30 分钟左右。

把面团接缝朝下放在操作台上，用擀面杖从面团的中央开始向上向下将面擀薄。把面擀成 20cm×10cm 的长条。

把面饼接缝朝上放置，然后把奶油奶酪和柠檬陈皮放到上面并轻轻按压。把面饼卷成卷，最后将接缝处按压紧实以免面卷张开。

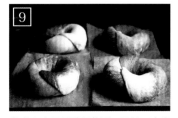

参考全麦贝果进行整形，开始二次发酵。让面圈在室温（23~26℃）下发酵 30~45 分钟。然后进行水煮，把水煮后的面圈放入预热至 200℃ 的烤箱中，以 190℃ 烤 16 分钟。

＊以上是使用燃气烤箱时的烤制方法。

 面团的最终发酵状态不仅取决于二次发酵时的管理温度和时间，还与面团一次发酵的状态有关。一次发酵时
如果面团发酵过度，可以通过缩短二次发酵的发酵时间和温度来进行调节。

扎实、丰满、满口留香!

肉桂葡萄干硬贝果

材料 4 个的量

高筋面粉（春丰 blend）……… 288g（80%）	中种酵母………………………… 54g（15%）
全麦粉（春丰石磨面粉）……… 36g（10%）	葡萄干……………………………… 108g（30%）
黑麦粉（北海道产精磨面粉）… 36g（10%）	肉桂粉…………………… 3.2g（葡萄干的 3%）
红糖…………………………25.2g（7%）	
盐……………………………… 6.5（1.8%）	* 本书使用西梅干浓酵母。
纯净水……………………… 108g（30%）	* 括号内的数字是以配方中高筋面粉、全麦粉和黑麦粉
牛奶…………………………… 72g（20%）	的总重量为 100% 时的烘焙百分比。

准备工作

- 快速将葡萄干洗净后将其蒸软，然后加入肉桂粉搅拌并放凉。
- 将烘焙纸裁成边长 14cm 左右的正方形。

* 基本的制作方法请参照全麦贝果面包（P38）。
* 适宜温度为 23~26℃（冷藏发酵时除外）。

基本做法请参照全麦贝果（P39 ④）。加入葡萄干，用刮板反复将面团切开、重叠直至葡萄干完全混入到面团中，然后将面团放到塑料袋中扎紧袋口，开始一次发酵。

一次发酵结束后轻轻排出面团中的气体并将面团四等分，然后醒面约 30 分钟。醒面结束后将面团搓成长约 38cm 的棒状。面棒的两端要比较细。

将整条面棒扭转整形成环状。面棒的两端交叉地拧在一起。

一手稍提起面圈，另一手按压住交叉处，上下滚动，使两端黏在一起。

整形完毕后将面包圈放到铺有烘焙纸的方盘上，盖上保鲜膜以防面圈变干，然后把面放到冰箱中进行二次发酵。发酵时间需要 30 分钟~4 小时。

将从冰箱中取出的面圈在室温下放置 10 分钟左右，然后再进行水煮，烤制。水煮时先煮 90 秒，翻面后再煮 30~60 秒。然后将面圈放到预热 200℃的烤箱中，以 190℃烤 16 分钟。
* 以上是使用燃气烤箱时的烤制方法。

Point! 发酵的时间越长，面包的口感就越松软。本次制作二次发酵的时间为 1 小时左右。

每天吃也吃不厌的传统主食面包

枕形吐司

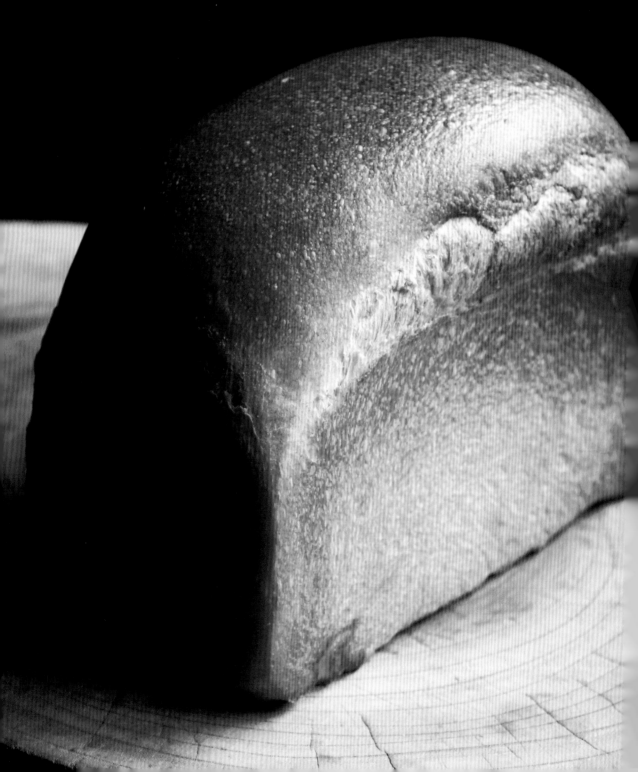

材料   500g 的量

高筋面粉（梦的力量）········ 196g（70%）

中高筋面粉（E65）············· 84g（30%）

蔗糖····························· 14g（5%）

盐······························· 5g（1.8%）

发酵黄油························ 8.4g（3%）

牛奶··························· 126g（45%）

纯净水·························· 84g（30%）

中种酵母······················· 84g（30%）

＊本书使用西梅干浓酵母。

＊括号内的数字是以配方中高筋面粉和中高筋面粉的总
重量为 100% 时的烘焙百分比。

＊适宜温度为 23~26℃。

━━━━━━━━ · 制作面团 · ━━━━━━━━

将盐和黄油之外的材料一起倒入盆中，搅至没有干面粉。盖上保鲜膜以防面团变干，在室温下放置 30 分钟，醒面。

醒面可以促进水合作用和面筋的形成。这样可以缩短揉面时间，减轻面团的负担。图中为醒面后开始有面筋形成的面团。

放入盐，揉捏面团直至盐混匀到整个面团中。

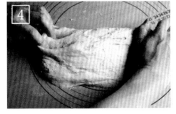

将揉好的面放到操作台上，将面搓出去，收回来折叠一下，再搓出去，重复此动作。注意不要将面搓得太长、太大以免拉断面筋。

＊使用国产面粉时。

经过几分钟的反复揉搓，面团会变得比较光滑，从触感上就能感觉到面筋正在形成。

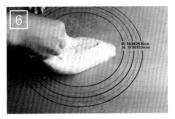

当面团变光滑后开始摔面。将面团拿起轻摔在操作台上，接着翻动手腕将面团揉在一起，这样反复摔打、揉和，几分钟后结束操作。

当面团落下时像上图一样将面团揉成一团，然后继续摔揉，随着揉面的进行，面团会逐渐变得既不粘手也不粘台。

Point!

以摔打的方式来揉面可以避免面团的温度升得太高，面团的状态也会比较好。过度揉搓摩擦会使面团温度升高，容易软塌，难以成形。面团的状态会随着季节的变化而不同，所以揉面一定要注意观察面团的状态。

当面筋成形后，将恢复到室温的黄油撕碎放到面团上，用手指将黄油搅到面团中，然后再揉搓几分钟，直至面团变得光滑。

当黄油完全融入面团后再次反复摔揉面团，几分钟后结束操作。这个摔揉过程是面筋大量形成的最后阶段。

Point!

从3~9的揉面时间预计需要20~25分钟。

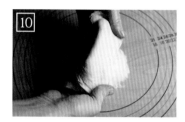

用手指拉抻面团，如果能拉出薄膜说明面筋已经形成。

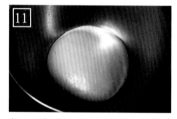

将面团揉圆，表面变紧绷，然后放入盆中开始第一次发酵。

Point!

1~2小时后将已经开始发酵膨胀的面团取出。一边排气一边将面团重新揉圆，然后再将面团放回盆里接着进行一次发酵。

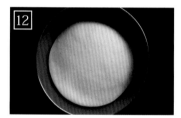

当面团发酵至2~3倍大，从原来比较紧绷且圆鼓鼓的状态膨胀到比较扁平时即可结束发酵。使用自制酵母发酵的面团只有发酵至上述状态时才会变得比较松软。

当轻轻摇晃容器，整个面团会轻飘飘地跟着晃动时就可以结束发酵了。面团的发酵状态是决定自制酵母面包口感是否松软的关键所在。

一次发酵结束后往面团上撒一层薄薄的薄面，然后将面团放到操作台上。一边将外侧一圈的面向内折叠一边将面团揉圆。

将揉圆的面团对折并将接缝处按压紧实。

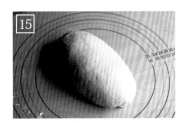

将接缝处朝下放置，把面团整形成海参形，用保鲜膜或盆盖住面团，以防止面团变干，然后在室温下醒面30分钟。

接缝处朝下，将面团竖向放置，用擀面杖将面团擀薄，面饼的宽度应为模具宽度的70%~80%，长度25cm左右。

将面饼翻过来，接缝处朝上，由上至下地卷起面饼。卷第一个卷的时候要将接缝处按压紧实，从第二个卷开始就可以卷得松一些，只需让面饼的表面比较紧绷就可以了。

Point!

卷的时候要让中央部分比较鼓，一边想着海参的形状一边卷。

卷完后将收口处牢牢捏紧，将面团的接缝朝下放到涂有薄薄一层起酥油（分量外）的模具中。

Point!

在放入模具之前，在面团上撒上少许薄面，烤制完成后面包会更容易脱模。如果薄面太多会影响口感，所以撒上薄薄的一层就可以了。

为防止面团变干，可以盖上保鲜膜或将整个模具放入塑料袋中，开始二次发酵。发酵温度最好在23℃左右，发酵时间需要1~2小时。当面团发酵到八成满时即可结束发酵。

可以按照个人喜好在面团的表面涂上牛奶（分量外），然后再喷雾、烤制。将面团放入预热至200℃的烤箱中，以190℃烤26~28分钟。
＊以上是使用燃气烤箱时的烤制方法。

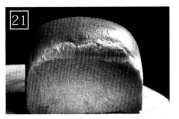

烤制完成后，将模具拿起到离桌面20~30cm高并用力摔放到桌面上以使蒸气散尽，然后从模具中取出面包即可。

被巧克力浸透、风味浓郁的面包干！

成人口味的微苦巧克力面包干

材料　4 个的量

田园面包、贝果、枕形吐司的面包片
　…………………………………… 2~3 片
考维曲巧克力（可可脂含量为 65%）…150g
牛奶……………………………………150g
发酵黄油……………………………… 30g
蔗糖或砂糖…………………………… 30g

＊如果使用的是可可脂含量较低的巧克力就需要减少砂
糖的用量。

准备工作

• 先将考维曲巧克力切碎。

1 将切成 8mm~1cm 厚的面包片切成（撕成）适当大小。

2 将牛奶、黄油和砂糖放在一起加热，在马上要沸腾前将热牛奶均匀地倒在考维曲巧克力上放置一会儿。
当巧克力开始熔化后，用打蛋器等从中央开始将材料搅拌顺滑来制作巧克力酱。

3 将切好的面包摆放到食品容器中，浇上巧克力酱，让面包的两面都沾满巧克力酱。

4 盖上保鲜膜轻轻按压面包，让巧克力酱渗入到面包里，然后放置 1 小时至一整夜时间，让巧克力酱完
全渗入到面包片中。

5 将面包片摆放在铺有网状烘焙垫（参照下方说明）的烤盘上，注意不要叠在一起，然后将面包片放入
烤箱中，以 120℃低温烤 90 分钟。
＊以上是使用燃气烤箱时的烤制方法。

6 烤完后直接将面包片留在烤箱内放置冷却。

Point!　充分吸收了巧克力酱后面包片会容易碎掉。所以要轻轻地将面包片摆放在烤盘上。
此时面包的纤维已经被破坏，所以烤出来的面包干口感会比较松脆。

选择导热性好的网状烘焙垫，这样烤制时多余的油分会从网格流出，最后烤出的面包干口感就会比较松脆。
如果使用的是普通的烘焙垫，那么在烤制过程中就要把面包片拿出来翻面后再继续烤，这样烤出的面包干
也会比较美味。

口袋面包

墨西哥玉米饼风味辣椒口袋面包

牛至墨鱼汁口袋面包

豆类坚果沙拉 P57 墨西哥玉米饼风味辣椒口袋面包的配菜

「材料」

金时豆＊（焯水）⋯⋯⋯⋯⋯⋯⋯⋯⋯⋯200g	◎扁桃仁混合调味汁
紫洋葱或洋葱⋯⋯⋯⋯⋯⋯⋯⋯⋯⋯⋯半个	研碎的扁桃仁（将煎干的扁桃仁研至出油，
红色和黄色的彩椒⋯⋯⋯⋯⋯⋯⋯⋯各 1/4 个	更加浓郁、美味。）⋯⋯⋯⋯⋯⋯⋯30g
四季豆⋯⋯⋯⋯⋯⋯⋯⋯⋯⋯⋯⋯5~6 根	橄榄油⋯⋯⋯⋯⋯⋯⋯⋯⋯⋯⋯⋯⋯8g
紫叶生菜⋯⋯⋯⋯⋯⋯⋯⋯⋯⋯⋯⋯数片	醋（任选）⋯⋯⋯⋯⋯⋯⋯⋯⋯⋯⋯8g
嫩苗菜⋯⋯⋯⋯⋯⋯⋯⋯⋯⋯⋯⋯⋯适量	砂糖（任选）⋯⋯⋯⋯⋯⋯⋯⋯⋯⋯3g
扁桃仁混合调味汁⋯⋯⋯⋯⋯⋯⋯⋯⋯全量	盐⋯⋯⋯⋯⋯⋯⋯⋯⋯⋯⋯⋯⋯⋯少许

1 将洋葱和彩椒切成薄片，在上面撒少许盐（分量外）以去除多余的水分。将用盐水焯过的四季豆
切成一口大小。把紫叶生菜和嫩苗菜后洗净撕成适当大小。

2 将金时豆焯水，趁热加入少许醋（分量外）搅拌放凉，放入混合调味汁搅拌均匀，再放入蔬菜轻
轻拌匀即可。

＊如果使用豆类水煮罐头，需要用沸水焯一下，去掉表面的黏液后再使用

最合适做成大容量的三明治

口袋面包

「材料」 4个大号面包的量

高筋面粉（春丰 blend）……… 168g（70%）

全麦粉（春丰石磨面粉）……… 72g（30%）

蔗糖…………………………… 7.2g（3%）

盐……………………………… 4.3g（1.8%）

白芝麻油……………………… 7.2g（3%）

纯净水………………………… 132g（55%）

中种酵母……………………… 48g（20%）

＊本书使用黑麦鲁邦种。

＊括号内的数字是以配方中高筋面粉和全麦粉的总重量为 100% 时的烘焙百分比。

「准备工作」

• 将烘焙垫裁成 20cm×15cm 大小（烤箱中一次只能烤 1~2 个面包，所以可以只准备 2 张反复使用）。

＊适宜温度为 23~26℃（冷藏发酵时除外）。

─── • 制作面团 • ───

将所有材料都放到盆里，一边用手指将材料搅和均匀一边开始揉面。

不停地搅拌、揉和让面粉和水充分融合在一起。

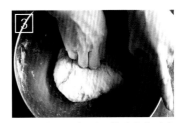

揉至没有干面粉时沿着盆底的弧度继续揉面。

因为下一步要将面团放到塑料袋里发酵，所以在这步要将面团揉到光滑。

将面团装到塑料袋中塞紧，排出袋内的空气后扎紧袋口。

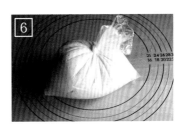

发酵后的面团。当塑料袋发出砰砰的响声时就可以结束发酵了。在室温下发酵时预计需要 4~6 小时（中途也可以进行冷藏发酵。请参照 P38 的全麦贝果）。

7 将发酵好的面团从塑料袋中取出并四等分。

8 把四等分的面团翻过来,三个角向中央折叠。

9 滚圆面团,注意让面团的表面变得紧绷。

10 将滚圆的面团收口处朝下放置,然后用保鲜膜等盖在上面以免面团变干,在室温下醒面 30~45 分钟让面团变得松软。

Point!

面团擀薄后要立即放到热的烤盘上烤制,所以预热烤箱时要将烤盘也放进去一起预热。预热温度为 230℃,时间设定为 5 分钟。

11 往操作台和面团上撒上适量的薄面后,轻轻按压面团进行排气。

12 用擀面杖从面团的中央开始,分别向上向下将面擀薄。

13 不断将面团翻面,用擀面杖将面团擀成长 18~20cm 薄厚均匀的椭圆形面饼。

*如果面团比较难擀可以用保鲜膜等盖住面团一边醒面一边擀,这样擀起来更容易,面团也不会粘到擀面杖上。

14 将面饼翻面,放到烘焙垫上,再一起放到硬纸板上,用喷雾器往面团上喷少许水,然后将面饼放到预热后的烤盘上烤制,以 220℃烤 4~5 分钟。

*以上是使用燃气烤箱时的烤制方法。

15 当面包膨胀成圆鼓鼓的状态即烤制完成。

面包变凉后用手轻轻按压排气,然后将面包切成两半,用塑料袋或布巾裹住面包后再保存,有助于保持面包湿润的口感。

Point!

由于面包的尺寸比较大所以一次只能烤 1~2 个面包。在烤制的时候将接下来要烤的面团擀薄。如果整形(擀薄)结束得比较早,在放进烤箱前要注意不要让面饼变干,放到烤盘上时需再次将面饼翻面。每次烘烤都要将烤箱的温度设置到 220℃,一定要确保烤箱内的温度足够高再放入面饼。

香气浓郁的面包与葡萄酒非常搭

墨鱼汁牛至口袋面包

「材料」 4 个面包的量

中高筋面粉（E65）·············· 200g（100%）
墨鱼汁粉··· 6g（3%）
蔗糖··· 10g（5%）
盐·· 3.6g（1.8%）
白芝麻油··· 8g（4%）

纯净水·· 100g（50%）
中种酵母··· 40g（20%）
牛至粉··少许

* 本书使用柠檬干酵母。
* 括号内的数字是以配方中中高筋面粉的重量为100%
时的烘焙百分比。

* 适宜温度为 23~26℃。

1 将水、白芝麻油和墨鱼汁粉倒入盆中，搅
拌均匀，然后放入中种酵母。

2 将所有材料加入 1 的盆中，开始揉面。

3 继续在盆中揉面，当把面揉匀且面团表面
变光滑后，将面团放到塑料袋中，排出袋
中的空气将袋口扎紧，开始一次发酵（具
体的制作方法请参照 P55 口袋面包）。

4 将发酵后的面团从塑料袋中取出并四等分，
把面团重新轻轻揉圆后，放置室温下醒面
30 分钟左右。

5 往面团上撒一层薄薄的薄面，一边翻动面
团一边将其擀成直径 13cm 的圆饼。

6 烤箱预热至 230℃。将面饼再次翻面，放
入预热后的烤箱中，以 220℃烤 4~5 分钟。
* 以上是使用燃气烤箱时的烤制方法。

7 当烤好的面包变凉后，轻轻按压面包排出
其中的空气。沿面包的边缘切开 1/3~1/2
圈的开口，并将面包的内侧划开形成口袋，
然后将一面向上翻折，放入自己喜欢的馅
料即可。

夹杂着红色辣椒粉的三明治

墨西哥玉米饼风味辣椒口袋面包

「材料」 4 个面包的量

中高筋面粉（E65）·············· 200g（100%）
蔗糖··· 10g（5%）
盐·· 3.6g（1.8%）
白芝麻油··· 10g（5%）
辣椒粉··· 4g（2%）

纯净水·· 100g（50%）
中种酵母··· 20g（10%）

* 本书使用葡萄干酵母。
* 括号内的数字是以配方中中高筋面粉的重量为100%
时的烘焙百分比。

* 适宜温度为 23~26℃。

1 面团的制作方法请参照基本款口袋面包的做
法。提前将辣椒粉和白芝麻油搅拌在一起，
融合在一起后辣椒粉会呈现出更好的颜色。

2 将醒好的面团擀成直径 16~18cm、厚
2~3mm 的薄饼（图 2），然后将薄饼放入
已经预热的煎锅中，锅中不用放油，用中
火每面烤 1 分钟左右。

Point !

擀面时可以把面团放到烘焙纸
上，一边转动烘焙纸一边擀面。
也可以将面饼连带烘焙纸一起
放到煎锅中烤，这样操作起来
更容易。

豆类坚果沙拉请参照 P54。

撕开面包的瞬间会散发出微微的甜香

布里面包

直径约18cm的面包1个

🥐 **中种面团**

中高筋面粉（E65）···········	100g（50%）
蔗糖···	10g（5%）
蛋黄（大号鸡蛋）······ 1个，	约20g（10%）
纯净水·····································	20g（10%）
酵母原液（液种）················	40g（20%）

🥐 **主面团**

高筋面粉（春丰 blend）········	100g（50%）
蔗糖···	30g（15%）
盐···	3.6g（1.8%）
发酵黄油·····································	30g（15%）
牛奶···	20g（10%）
纯净水·····································	20g（10%）
酵母原液（液种）················	20g（10%）

*本次全部使用草莓酵母（使用前先将瓶底的沉淀物和研碎的草莓果肉全部摇匀）。

*括号内的数字是以中种面团和主面团的面粉总重量为100%。时的烘焙百分比。

Point!

前面已经介绍过"中种发酵法"，即先用一半的面粉制成面团并让面团发酵至两倍大（中种面团），再加入所有主面团的材料搅拌均匀来制作面包面团。使用酵母原液会让烤出的面包充满酵母的香气。如果想用中种酵母替代酵母原液，需要适当调节牛奶和水的分量。具体揉面方法请参照枕形吐司（P48）。

*适宜温度为23~26℃（冷藏发酵时除外）。

· 制作面团 ·

1 制作中种面团。将所有制作中种面团的材料都放到盆里，搅拌至没有干面粉。将面团移到操作台上，搓揉，折叠回来，再搓揉，重复此动作。

2 拿起面团轻摔在操作台上，揉成一团，再次摔打（摔揉），这样有节奏地反复摔揉5~10分钟。当面团既不粘手也不粘台时结束揉面。

3 用保鲜膜盖住面团，以防面团变干，然后将面团放置于室温下发酵。图片中为面团发酵前的状态。

4 完成发酵的中种面团。当面团发酵至2倍大时就可以用来制作主面团了。

Point!

如果不是立即制作主面团，可以在中种面团发酵至五～八成时将其放到冰箱中，但放置时间不宜超过12小时。在制作主面团时要先让中种面团恢复到室温后再使用。如果中种面团在冰箱中没有发酵好可以让面团在室温下完成发酵。

5 将所有主面团的材料（黄油除外）都放入发酵好的中种面团中，轻轻地揉面。

当把所有材料都揉匀后将面团放到操作台上，开始揉面。搓揉面团，折叠回来，再搓揉，重复此动作。

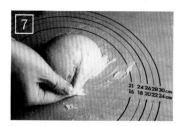

当面团揉至光滑时开始摔揉。将面团轻摔在操作台上，揉成一团，再次摔揉，反复。

拉抻面团，确认是否能形成面筋膜。

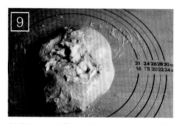

如果面团形成了足够的面筋，能够拉出薄膜就可以将恢复到室温的黄油加到面团中，然后继续揉面。将所有材料揉匀，揉至面团变光滑后再次开始摔揉。

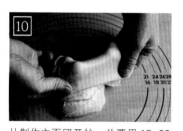

从制作主面团开始一共要用 15~20 分钟来揉面，当面团不粘手也不粘台且形成足够的面筋后就可以停止揉面了。当拉出的薄膜不会断裂时说明面筋膜已经形成。

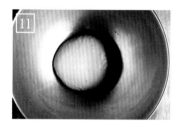

将揉好的面放到盆中，盖上保鲜膜，开始一次发酵。发酵时间预计需要 6~10 小时。冷藏发酵时请参照 P30 的田园面包。

当面团发酵至原来的 2~3 倍大，面团中间也变得软蓬蓬的时候就可以结束发酵了。不要只看书上标出的时间，要根据面团的实际状态来判断发酵是否完成。

• 整形 •

将面团放到操作台上，排出多余的气体后将面团折成三折。

从底端开始卷起折成三折的面团。

将面团的收口朝下放置，把刮板放到面团下方，一边转动面团一边将面团揉圆。用保鲜膜盖住面团，以防面团变干，醒面 30 分钟。

醒面后将面团翻过来，收口向上，然后将外边一圈的面向内折叠。

将面团外圈的面集中到中间，捏紧，使表面变紧绷，揉圆面团。

将面团斜着放，用手收紧、揉圆面团，按紧收口。

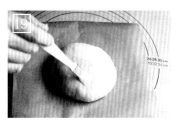

把整形成圆形的面团收口朝下放到烘焙纸上，在面团表面刷上全蛋液（分量外），薄薄地刷 2 次。

从面团的中央向底边划出弧形刀口。连带烘焙纸一起转动面团，用刀划出数条距离均等的弧线。

＊如果割线的间距过小，面团就有可能变扭曲，所以划的时候一定要注意间距。

划完一圈后，要用盆盖住面团以防变干，然后开始二次发酵。发酵时间需要 35~50 分钟。发酵至面团膨胀，弧线展开即可。

Point!

如果二次发酵的时间过长，烤好后面包表面花纹的凹凸感就会消失，变得平淡单调，所以一定要注意发酵时间。

将烤箱预热至 200℃。以 190℃ 烤 16~18 分钟。

＊以上是使用燃气烤箱时的烤制方法。

🌀 低卡布里面包配方

在布里面包原本的配方中，用生奶油和黄油来和面而不是用水，热量非常高。在我的配方中，使用自制酵母来让面包具有湿润的口感和浓郁的香味，并没有使用生奶油，黄油的比例也比较低，是一款低卡面包，即使每天当零食吃也不会有负担。这样做出的面包不容易变质，过几天再吃不用重新烤制也依然非常美味。

可以尽情享受浓郁的甜味！

肉桂面包卷

材料

6 个大号面包圈的量 ＊使用 22cm×16cm 的方盘

中高筋面粉（E65）···············350g
牛奶···············126g（36%）
纯净水···············84g（24%）
蛋黄···············1 个，约 20g（约 6%）
蔗糖···············28g（8%）
盐···············6.3g（1.8%）

发酵黄油···············17.5g（5%）
中种酵母···············70g（20%）

＊本书使用西梅干浓酵母。
＊括号内的数字是以配方中中高筋面粉的重量为 100%
时的烘焙百分比。

● 馅料用肉桂糖

蔗糖···············60g
肉桂···············6g
玉米淀粉···············6g
熔化的黄油···············30g（用于涂抹面团）

● 香草奶油奶酪糖霜

奶油奶酪···············120g
发酵黄油···············48g
糖粉···············24g
香草精···············适量

准备工作

①将用于制作肉桂糖的蔗糖、肉桂和玉米淀粉混合拌匀。
②配合烤制时间制作香草奶油奶酪糖霜。先将软化后的奶油奶酪和发
　酵黄油混合在一起，然后加入糖粉和香草精继续搅拌均匀。

＊适宜温度为 23~26℃（冷藏发酵时除外）。

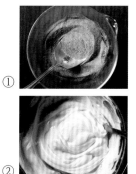

①

②

• 制作面团 •

1

Point!

揉面方法请参照布里面包
（P58）。图 1 是揉好后开始第一
次发酵时的面团。

用手拌匀面粉和黄油，加入所有材料，
开始揉面。

2

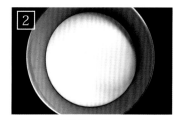

当面团发酵至原来的 1.5~1.8 倍大
时用保鲜膜盖住面团以防面团变干，
然后将面团放入冰箱进行冷藏发酵。
在冰箱里放置 6~16 小时。

发酵结束后将面团取出放在操作台上，轻轻揉圆后醒面 30 分钟。

＊醒面可以让面团更加松软，也更容易擀薄。

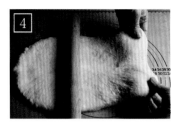

将面团擀成 30cm×45cm，厚 8mm 左右的长方形。擀的时候不时地抬起面皮，这样擀起来会更加容易。

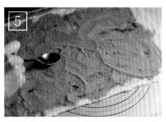

将熔化的黄油涂抹在整个面皮上，面皮上下两边要留出 1cm 左右的空白，然后再将肉桂糖慢慢地撒在上面。用勺背轻轻按压让肉桂糖和面皮黏合在一起。

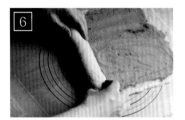

先卷出 1cm 粗的小卷，然后再继续卷起面皮。不要卷得太紧，自然地卷过去就行。

卷完后捏起面皮边缘，捏紧收口处，将面团滚圆。

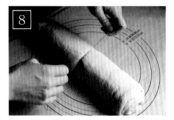

滚圆后用线将面卷切成 6 等份。

＊用刮板或刀切割时一定要快速地切下去。用线切割时切面会比较漂亮。

将切割好的面卷摆放在铺有烘焙垫的方盘上，用保鲜膜盖在上面，轻轻按压，让面卷的高度保持一致。

＊按压完后取下此时使用的保鲜膜。

为了防止面卷变干，再盖上一层新的保鲜膜，开始二次发酵。当面卷发酵至原来的 2 倍大时结束发酵。发酵时间需要 40~50 分钟。

将烤箱预热至 190℃。在面卷的表面涂上牛奶（分量外），以 180℃ 烤 15~17 分钟。

＊以上是使用燃气烤箱时的烤制方法。

二次发酵的时间会影响面包卷的口感

这款肉桂面包卷的湿润口感介于面包和甜点之间。喜欢松软口感的肉桂面包卷，可以在二次发酵时等到面团发酵至原来的 2 倍大时再烤制。

看似厚重却意想不到的柔软

全麦松饼

6 个直径 9cm × 高 4.5cm 切模的量

中高筋面粉（E65）……… 168g（70%）
全麦粉（春丰石磨面粉）……72g（30%）
纯净水…………… 100g（约 42%）
豆浆…………………80g（约 33%）
蔗糖……………… 12g（5%）
盐……………… 4.3g（1.8%）

发酵黄油………………… 7.2g（3%）
中种酵母………………… 72g（30%）

＊本书使用酒糟酵母。
＊括号内的数字是以配方中中高筋面粉和全麦粉的总重
量为 100% 时的烘焙百分比。

准备工作

• 在切模里涂上起酥油。

＊在所有的油脂中，起酥油可以让面包更容易脱模，而且无色无味，不会对面包的风味产生影响。如果面
团中混入了黄油也可以在模具上涂抹黄油。黄油有助于面包更好地上色。

＊适宜温度为 23~26℃。

·制作面团·

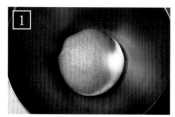
1

醒面、揉面的方法请参照枕形吐司
（P48）。图中是揉完面后一次发酵开
始时面团的状态。

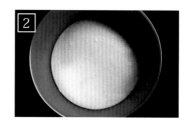
2

结束一次发酵。预计需要 6~10 小时。
轻轻摇晃面盆，当面团内部也软软
地跟着摇晃时就可以结束发酵了（冷
藏发酵时请参照 P38 田园面包）。

3

取出面团放在操作台上，将面团六
等分。

＊对面团量进行微调时不要拘泥于
细小的数字，不要过多地触碰面团，
也不要把面团切得太细碎。

4

取一份面团，把各个角向中间折叠，
然后将面团揉圆，揉至面团的表面
变紧绷。

5

用保鲜膜或盆盖在已经揉圆的面团
上以防面团变干，醒面 30 分钟。

6

往面团上撒少许薄面，然后按压面
团排气。

整形

将面团外侧的面按照从左至右，从上到下的顺序向内侧折叠，然后再次将面团揉圆，揉至面团表面光滑变紧绷。

再次往揉圆的面团上撒上少许薄面并整形。将切模摆放到铺有烘焙垫的烤盘上，把面团的收口朝下放到切模中。

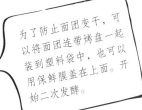

为了防止面团变干，可以将面团连带烤盘一起装到塑料袋中，也可以用保鲜膜盖在上面。开始二次发酵。

在室温下发酵 45 分钟~1 小时，当面团发酵至原来的 2 倍大，能够填满整个切膜的底面，面团的高度到达切膜的七成高时就可以结束发酵了。

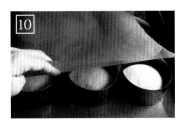

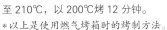

盖上烘焙纸，将烤盘压在上面，然后就可以开始烤制了。将烤箱预热至 210℃，以 200℃烤 12 分钟。

＊以上是使用燃气烤箱时的烤制方法。

烤制完成。趁热将松饼从模具中取出，去除余热。

切模

本书使用直径 9cm × 高 4.5cm 的切模。最后烤制出具有一定厚度的松松软软的松饼。也可以不用切模，将分割、揉圆的面团放到电饼铛中盖上盖子后烤制，像烤馅饼那样烤出来的松饼也非常美味。

🔊 **根据不同的烤箱来调整温度**

烤制的温度和时间根据使用机种的不同而不同，尽量不要延长烤制时间而是调节温度。烤制时间长，面就会变得比较干，烤不出湿润松软的松饼。

用自制酵母才能做出口感松脆的羊角面包

羊角面包

材料   6个的量

高筋面粉（春丰 blend）········ 120g（60%）

中高筋面粉（E65）·········· 80g（40%）

蔗糖···················· 20g（10%）

全蛋液·················· 16g（8%）

发酵黄油················· 10g（5%）

盐····················· 3.6g（1.8%）

牛奶···················· 50g（25%）

纯净水·················· 50g（25%）

中种酵母················· 60g（30%）

发酵黄油（用于折叠面团）··· 100g（50%）

＊本书使用黑麦鲁邦种。

＊括号内的数字是以配方中高筋面粉和中高筋面粉的总重量为 100% 时的烘焙百分比。

准备工作

• 将全蛋液、牛奶和水搅拌均匀，放入中种酵母泡软。

＊适宜温度为 23~26℃（冷藏发酵时除外）。

在不同的季节面团的状态是不一样的。夏天时面团特别容易软塌，所以可以将水的百分比调节到 20%~25%。

如果羊角面包的面团太软，折叠进去的黄油就会融合到面团里，很难形成叠层。但如果面团太硬又很难延展，这也是烤制时黄油会流出来的原因之一。

· 制作面团 ·

混合高筋面粉和中高筋面粉，用手指将发酵黄油和面粉搓和在一起，然后倒入其他材料，在盆里揉面，揉至没有干面粉。

将面团放到操作台上，用压揉的方式继续揉面，直至面团的表面变光滑，最后将面团揉圆。揉面的时间需要 5~6 分钟。

在制作自制酵母羊角面包时，如果想让面包的口感比较松脆，那么在揉面时就要注意不要让面筋形成得太充分，要有节制地揉面。当面团全部聚拢在一起且表面比较光滑时就可以停止揉面了。

将面团放到容器里，盖上保鲜膜，开始一次发酵。发酵预计需要 6~8 小时。

当面团膨胀至 2 倍大时结束一次发酵。

＊一次发酵比较充分，二次发酵也会进行得比较顺利，在烤制的时候面团也能更好地膨胀。

取出面团进行排气，将面团重新揉圆并压扁。为了防止面团变干可以用保鲜膜裹住面团，也可以用保温袋或毛巾等包住面团，然后将面团放入冷藏间或冰箱中醒面 1~3 小时。

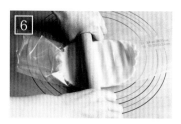

在开始折叠前先制作黄油层。用塑料将冷硬的黄油包起来，然后用擀面杖一边敲打黄油一边将黄油擀薄，接着将擀薄的黄油折叠起来再次擀薄，反复地折叠、擀薄做出具有一定延展性的黄油层。

当黄油具有一定的延展性后将黄油放在上下两个保鲜膜之间，将保鲜膜折成边长12cm的正方形，接着用擀面杖将黄油擀成4~5mm厚的正方形，放入冰箱冷藏5~10分钟。

制作黄油层时不要将黄油放到常温下软化，一定要用刚从冰箱取出的硬硬的黄油来制作。这样在伸展面团时具有一定延展性的黄油层就不会断裂，可以跟着面团一起伸展。如果想制作更稳定的黄油层，可以加入相当于黄油重量10%的低筋面粉（分量外），制作时一边将面粉均匀地混合到黄油里，一边敲打擀制。

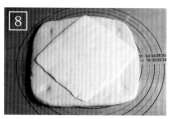

将面团擀成比黄油层大一倍的正方形，如图所示将黄油层的四个角错开放在面皮上。

Point!

关键是面团和黄油层的硬度要一样。面团的硬度要配合黄油层的硬度。如果面团比较软就将面团冷藏一下，让面团的硬度和黄油层的硬度保持一致。

开始折叠。将面团的四角向中心折叠，一边排气一边将各个接缝处捏紧。

撒上少许薄面。用擀面杖从面团的中央开始将面擀薄。适时翻动，并不时拿起面饼，可避免面团收缩回去，将面饼擀成18cm×48cm大小，厚4~5mm的面皮。

Point!

此时与长度相比厚度更为重要！如果将面皮擀得太薄，黄油就会和面融合在一起，烤制时面包就很难起层。薄面要使用低筋面粉。折叠时用刷子将多余的薄面刷掉。

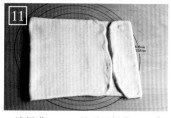

一端折进5cm，然后再折叠另一端，使两端对齐。接着直接将面皮对折，再对折，再用擀面杖轻轻按压面团。

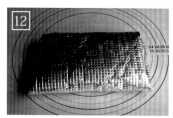

完成第一次折叠后用保鲜膜将面团裹住，为了防止面团冻住再用保温袋或毛巾包在外面，然后将面团放到冰箱的冷冻室里放置20~30分钟。

在冷藏室中面团会继续发酵，破坏面包的起层，所以需要将面团放到冷冻室中，但要注意不要时间过长让面冻硬。

第二次折叠时，也同样将面团擀薄并折成四折，然后在冷冻室放置20~30分钟，之后再将面团放到冷藏室或冷藏间放置1~3小时。此时也需要用保温袋等将面团包起来。

将面团擀成 22cm×33cm 大小，厚约 5mm 的面皮，用刀将面皮的四边切掉 5mm 左右让形状更规则。然后将面皮切成 3 个同样大小的长方形，再沿长方形的对角线将面皮切割成三角形。

将切好后的面皮摆放到方盘里，盖上保鲜膜以防面皮变干，接着用保温袋或毛巾包住方盘，放入冷冻室放置 20 分钟，然后再将方盘放到冷藏室放置 1~3 小时。

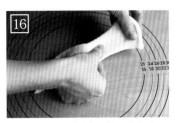

从面皮的中间拉抻，将面皮拉长至 30cm 左右。拉的时候不要碰到面皮中间以外的叠层。

用刮板在三角形面皮的底边切出 2cm 左右的切口。

将切口向左右两边翻，然后开始卷面皮。

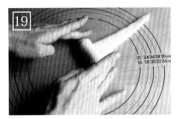

刚开始卷的时候要稍微紧一些，后面卷得要松一些。卷的时候不要碰到面皮的叠层，要以两端的面皮为基轴卷动。

将整形完毕的面团摆放到烘焙垫上，面团之间要留有一定的间距。为了防止面团变干将面团连带烤盘一起放到塑料袋中进行二次发酵，让面团发酵至原来的 2 倍大。发酵时间需要 1.5~2 小时。

晃动烤盘时整个面团都在晃动，并且用手轻轻戳面团时凹下去的地方不会弹回时就可以结束二次发酵了。

在制作羊角面包时，如果二次发酵比较充分，折叠到面团里的黄油就不会流出来，叠层也能很好地膨胀起来。但还是要注意不要发酵过度。

为了让烤出来的面包色泽更好，可以在面团表面涂上一层全蛋液（分量外）。涂的时候尽量避开叠层部分。

*如果想让面包的色泽比较自然，也可以在面团表面涂上一层豆浆。

将面团放入预热至 240℃的烤箱中，先以 230℃将面团的表面烤成金黄色，然后再调到 210℃继续烤制。烤制时间共需 14.5~15 分钟。

*以上是使用燃气烤箱时的烤制方法。

让我们来品尝一下湿润、松软的高含水硬式面包！

坚果黑胡椒面包

材料 一个 23cm 长的面包的量

● 液种

中高筋面粉（E65）··············	60g（30%）
纯净水··················	60g（30%）
中种酵母··················	10g（5%）

* 本书使用黑麦鲁邦种。

● 主面团

中高筋面粉（E65）··············	100g（50%）
全麦粉（春丰石磨面粉）········	20g（10%）
黑麦粉（北海道产精磨面粉）···	20g（10%）
蔗糖··················	10g（5%）
盐··················	3.6g（1.8%）
纯净水··················	116g（58%）
中种酵母··················	30g（15%）

* 本书使用黑麦鲁邦种。

● 馅料用坚果

坚果（任意几种）··············	60g（30%）
黑胡椒···················	适量
盐···················	适量
橄榄油··················	1 小勺

* 括号内的数字是以配方中液种的中高筋面粉和主面团的中高筋面粉、全麦粉和黑麦粉的总重量为 100% 时的烘焙百分比。

准备工作

• 将制作馅料的坚果放到煎锅中，用小火干煎约 5 分钟后放入橄榄油翻炒，放入黑胡椒和盐搅拌均匀。放凉后将坚果大致切碎。

* 适宜温度为 23~26℃（冷藏发酵时除外）。

— • 制作面团 • —

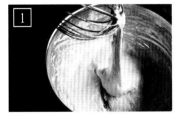 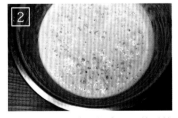 

首先制作液种。将所有的材料都放到盆里，用打蛋器或硅胶刮刀搅拌均匀，约需 3~5 分钟，搅拌的时候空气会包裹到面糊中。

盖上保鲜膜以防面糊变干，然后等待液种发酵至表面布满气泡为止。发酵时间需要 6~8 个小时。上图即为完成发酵时的液种。

制作主面团。将 2 中的液种和除盐以外的所有材料都倒入盆中，用硅胶刮刀搅拌 3~5 分钟，搅拌均匀后在室温下放置 30 分钟（醒面）。

 先用面粉和等量水以及少量酵母制成柔软的液种（前种），然后再将液种放入主面团制成最终的面团，这种制作酵母的方法叫做波兰种法。采用这种方法做出的面包风味较好，膨胀力也很强。

结束醒面后将盐加入 3 中的面团里，用手搅拌 50~60 次。

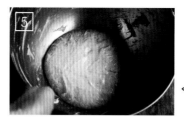

结束搅拌后面团的状态。进行三次排气，在排气过程中面筋会逐渐连接在一起，面团也会逐渐完善。

Point!

高含水面团由于水分含量较高所以面团非常松软，不能保持一定的高度。但经过三次排气后面团就会变得有弹性。

第一次排气。从四个方向拿起面团外圈的面向内折叠，像要把氧气折进面团里一样，然后静置 30 分钟。

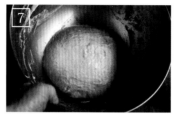

图中为结束第一次排气的面团。

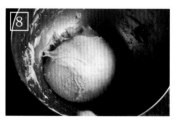

第二次排气的方法与第一次一样，同样静置 30 分钟。图中为结束第二次排气的面团。可以看到此时面团的质地比较均匀，并且具有一定的光泽和弹性，面筋也正在形成。

在第三次排气时加入馅料用坚果，一边排气一边将坚果搅到面团中。此时就不仅仅是从四个方向来折叠面团，而是要不断地折叠到坚果完全融入到面团里。

结束第三次排气后开始一次发酵。当面团发酵至六成时（需要 3~5 小时）盖上保鲜膜，将面团放到冰箱里冷藏发酵 6~12 小时。

将面团从冰箱取出后需要在室温下放置 1~2 小时，让面团恢复到室温。图中为已经完成发酵的面团恢复到室温后的状态。

在操作台上撒适量薄面，将面团取出，翻过来放到操作台上。把刮板放到面团下，将面团揉圆表面变紧绷。然后再用盆或保鲜膜等盖住面团，在室温下醒面 30 分钟。

如果面团的水分含量较高，就可以把刮板放到面团的底部，一边转动面团一边揉圆，这样可以减少对面团的损害。

将面团的收口处朝上放置，一边排出多余的空气一边从上向下折叠面团，折叠的时候要空出面前的三分之一，折得稍紧一些。

在空出的地方撒些薄面，将边缘轻轻压平。

将压平的一端折回去，放到面团的上端。这样就不用将接缝处捏紧。

往帆布上多撒些薄面，将面团接缝处朝下放到上面，然后再放到方盘里，盖上保鲜膜后进行二次发酵。发酵时间需要 45 分钟 ~1 小时。

由于面团的含水量较高并且特别松软，所以为了防止面团流动最好将面团放到方盘等容器中进行发酵。

Point!

为了尽量减少手和面团直接接触的时间，需要先把面团放到帆布上再将其放到方盘里。为了保持面团的形状需要将帆布折叠起来以阻挡面团流动。

当面团发酵至约 2 倍大时就可以结束二次发酵了。

将烤箱预热至 280℃。在完成预热的 2~3 分钟前拿起帆布将面团倒在烘焙纸上。让面团的接缝处朝上。

在完成预热前，为了防止面团变干要用蛋糕罩或比较大的盆盖住面团。

在完成预热前，面团上面的接缝开始慢慢地张开。这条接缝在烤制时会成为面包的花纹。

朝着面团的正上方喷雾，这样雾就会自然落到面团上，然后将面团放入烤箱一直等到烤箱内的温度降至220℃。再向烤箱内喷雾并以 220℃ 烤 20 分钟。

＊以上是使用燃气烤箱时的烤制方法。

2

自制天然酵母中的珍贵沉淀物

堆积在瓶底的沉淀物

下图是发酵状态不同的两个中种酵母。这是什么原因导致的呢？

这两瓶中种酵母使用的都是葡萄干酵母液、同样大小的瓶子，所有培养环境都是一样的。另一个瓶子中也没有加入任何促进发酵的物质。不同之处只有一个，那就是在开始中种时处理酵母液的方式不同。两瓶中种酵母都是将酵母原液和全麦粉混合后同时开始中种发酵的，图片为3小时后的中种面团。左侧瓶中的中种面团几乎没有发酵。右侧瓶中的中种面团发酵至原来的2~3倍大。两者的区别就是使用堆积在瓶底的沉淀物的量不同。一瓶是没有摇晃瓶子直接使用上层澄清的酵母液，另一瓶使用的是摇晃瓶子后与瓶底的沉淀物充分混合的酵母液。

没有摇晃瓶子，直接使用上层澄清的部分酵母液几乎不含沉淀物，呈半透明。再过几小时后，中种酵母才会发酵至2倍大。

摇晃瓶子，使沉淀物充分混入酵母液
乳白色的沉淀物使酵母液呈白色浑浊。酵母菌具有沉淀性质，在保存过程中包含酵母菌在内的沉淀物慢慢堆积到瓶底，使用时酵母液中是否含有酵母菌的沉淀物是影响中种酵母培养速度的关键所在。

若能妥善利用摄入了氧气和糖分不断增加的酵母菌，用其来揉制面团，制作面包是最好不过的。利用含有丰富酵母菌的酵母液可以做出强劲有力的面团。这不仅限于葡萄干酵母，其他食材制成的酵母、黑麦鲁邦种等也都是一样的。本书向大家介绍如何利用充分混入沉淀物的酵母液种培养中种酵母，并用其制作面包和甜点。

Part
03

""自制天然酵母甜点""

闪耀着钻石光芒！

树墩形巧克力曲奇

材料　约 20 个的量

低筋面粉（dolce）·············110g
杏仁粉·········· 20g
纯可可粉·········· 20g
发酵黄油·········· 60g
蔗糖·········· 40g
酵母原液（液种）·········· 40g

考维曲巧克力（烘焙用）··········60~80g
粗糖或细砂糖（粘在蛋糕周围）········适量

*本书使用葡萄干酵母。

准备工作

- 将黄油放到常温下软化。
- 将低筋面粉、杏仁粉和纯可可粉装到塑料袋中，摇晃袋子，混入空气。事先混合均匀，这个操作可以起到过筛的作用。
- 将考维曲巧克力切成细末，即使是碎片状的巧克力也要再次切细。
- 使用粗糖时，需要用手提式搅拌器或研钵将粗糖磨细。磨成极细的粗糖在烤制时会形成美丽的竖纹，看起来很像树皮的纹路。
- 将酵母原液（液种）恢复到室温。

用硅胶刮刀将在室温下软化的黄油搅拌成奶油状，再加入蔗糖搅匀。

将蔗糖搅匀后，以刮刀将黄油涂抹到盆的侧面。

将事先混匀的粉类撒到黄油上，用刮板切拌成颗粒状。
*尽量不要用打圈的方式搅拌粉类，要用切拌的方法混合。

🌀 钻石光芒

不同的糖会呈现出不一样的效果。使用粗糖时，做出的蛋糕会闪耀着金色的钻石光芒；使用细砂糖时，蛋糕会发出清澈的钻石光芒，闪亮动人。

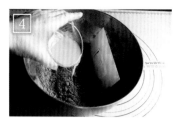

倒入酵母原液，用刮板切拌均匀。

加入切碎的考维曲巧克力，用刮板切拌均匀。

材料混匀后，用手将面捏成一团。

将面团二等分，每一份都整理成直径 2.5~3cm、长 20cm 的圆棒。
＊将面团大略揉成棒状后用保鲜膜包住再整形，外形更美观。

整形完毕后，为了防止面团变干用保鲜膜将面团包住，放到冰箱冷藏发酵 1 晚 ~4 天。
＊冷藏发酵的时间越长甜点的口感就越轻盈。

Point!
成形完毕后如果不立即烤制，可以把发酵好的棒状面团放到冰箱的冷冻室里，可保存 2 周。

冷藏发酵结束后，取出面团在室温下放置几分钟，当面团表面稍微变软时取下保鲜膜。撒上糖，滚动面团让粗糖（或细砂糖）粘到上面。

将糖撒到保鲜膜上，然后滚动面团，裹匀糖后再包上保鲜膜，这样糖就可以牢牢地粘在上面了。

从头开始将面团切成 2cm 厚。一边轻轻整形一边将切割后的面团放到烘焙垫上。将面团放到预热至 180℃的烤箱中，以 170℃烤 18 分钟。
＊以上是使用燃气烤箱时的烤制方法。

烤制完成后直接将蛋糕放在烤箱内冷却、干燥，这样蛋糕的口感会更好。

令人沉醉的美味口感！

浓郁巧克力球

┌ **材料** ┘　约 20 个的量

低筋面粉（dolce）···················· 90g
杏仁粉 ······························ 30g
纯可可粉 ···························· 15g
发酵黄油 ···························· 40g
考维曲巧克力（烘焙用）·············· 30g

上白糖 ······························ 30g
酵母原液（液种）···················· 10g
考维曲巧克力（搅拌用）·············· 30g

* 本书使用葡萄干酵母。
* 先将巧克力切成细末。

1　将低筋面粉、杏仁粉和纯可可粉筛到盆里。

2　将黄油放到锅中熔化，再加入烘焙用考维曲巧克力和上白糖，直接放置到考维曲开始熔化。当考维曲熔化后用硅胶刮刀将锅中的材料搅拌至光滑，去掉余热。

3　将②中的材料倒入①的盘中，用刮板切拌均匀。当切拌至八成，还有干粉的时候加入酵母原液和搅拌用考维曲巧克力，继续切拌至没有干粉。

4　将③中的面团整形成 2cm 厚的正方形，用保鲜膜包住面团后开始一次发酵。当室温为 23℃左右时发酵时间需要 4~6 小时；如果冷藏发酵，需要发酵 1 天以上，使用时再将面团恢复到室温。

5　将面团均分成 20 份揉圆，放到铺有烘焙垫的烤盘上，圆球之间要留有一定的距离。

6　将面团放入预热至 180℃的烤箱中，以 170℃烤 16 分钟。去掉余热后再撒上适量的糖粉（分量外）。
　　* 以上是使用燃气烤箱时的烤制方法。

不用烤箱就能做出膨松柔软的自制酵母甜点

基本款红糖蒸蛋糕

6 个直径 7cm× 高 4cm 蒸锅模具的量

低筋面粉（dolce）···············130g	盐·····························一小撮
红糖（粉末状）··················30g	中种酵母·······················40g
纯净水························80g	任意种类的葡萄干（馅料用）··········适量
豆浆·························30g	烘焙纸托·······················6 个
白芝麻油······················10g	*本书使用西梅干酵母。

准备工作

• 将中种酵母放到少量水中软化。

• 将低筋面粉过筛。

将豆浆、白芝麻油和盐搅拌均匀。

*一开始就将豆浆和油搅拌均匀让油乳化，这样做出来的蛋糕会非常湿润、松软。

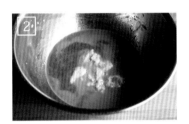

将红糖、水和中种酵母按顺序放入 ① 的锅中，每放一样都要搅拌均匀。

加入面粉，搅拌均匀至没有干面粉，盖上保鲜膜以免面糊干燥，然后开始一次发酵。在 23℃的室温下需要发酵 4~6 小时。

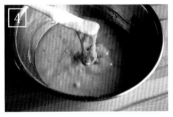

当面糊上到处有气泡冒出时，挑起面糊，如果面糊变得松软且有黏性就可以结束发酵了。

Point!

如果面糊发酵过度就会从中央开始不停地冒出小气泡。像这样利用蒸汽制作甜品时，让面在不过度的情况下最大程度的发酵，就能做出好吃的甜品。

将面糊装到铺有烘焙纸杯的模具里，装到八成满。

*如果要加入馅料（葡萄干等），可以先将馅料撒在面糊里，然后无需搅拌直接用勺将面糊舀到模具中。

蒸锅用大火加热至冒蒸汽，将模具放到蒸屉中蒸 12~15 分钟。

*如果模具不是陶制的，刚开始的时候要用中小火蒸 5 分钟左右，再用大火蒸 8~10 分钟。

Point!

使用铝箔等导热性较好的模具时，如果一开始就用大火来蒸，由于模具底部会直接与蒸汽接触，所以面团底部的气泡就很容易破掉，变成硬硬的糊状，甚至还会出现塌底。

风味素朴、湿润、松软的蛋糕

全麦黑麦戚风蛋糕

材料　1 个直径为 17cm 的模具的量

◉ 蛋黄面糊

全麦粉（春丰石磨面粉）·················· 60g

黑麦粉（北海道精磨面粉）·············· 10g

蛋黄（大号鸡蛋）················· 3 个的量

蔗糖···································· 20g

牛奶···································· 70g

纯净水·································· 20g

中种酵母································ 14g

＊本书使用黑麦鲁邦种。

◉ 蛋白（蛋白霜）

蛋白（大号鸡蛋）·················· 3 个的量

蔗糖或上白糖······················· 50g

准备工作

• 将鸡蛋的蛋黄和蛋白分开。

• 将中种酵母放到水里软化。

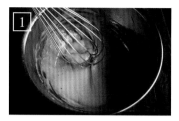

将蛋黄和砂糖放入盆中搅拌至砂糖溶化，蛋液变黏稠，然后加入牛奶、水和中种酵母搅拌均匀。

将全麦粉和黑麦粉倒入①的盆中搅拌均匀，盖上保鲜膜开始一次发酵。室温在23~26℃时发酵时间需要6小时以上。

＊全麦粉和黑麦粉不需要过筛。

当面糊上到处有气泡冒出，并且轻轻摇晃面盆面糊也跟着慢慢晃动时就可以停止发酵了。

将蛋白倒入另一个盆中并用手提式搅拌器将蛋白打至稍微起泡。将蛋白霜配方中的糖全都倒进去继续搅打8~9分钟，然后改用打蛋器继续搅拌至泡沫变得细腻浓稠，蛋白完全打发后就可以停止搅拌了。

Point!

拿起打蛋器时蛋白霜的尖向下垂即可停止搅拌。如果蛋白霜的尖是向上挺说明搅拌过度了。

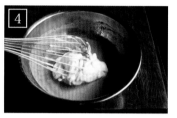

舀一坨蛋白霜放到②装有蛋黄面糊的盆中，划圈搅拌均匀。

将④中的面糊倒入③装有蛋白霜的盆中。

一边转动面盆一边拿起打蛋器，让面糊从打蛋器的缝隙流下来，这样搅拌的时候不会破坏蛋白霜的气泡。不要划圈搅拌。

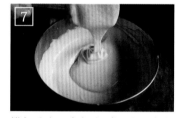

搅匀后改用硅胶刮刀将面糊从松软状态搅拌至光滑，搅拌40~50次即可。

放低面盆，将面糊倒入模具中。因为面糊中的水含量较高，所以从高处倒下就会有过多的空气进入到面糊中，导致蛋糕中出现空洞。

按住放在桌子上的模具左右转动，让面糊的表面变平。这样也可以排出面中多余的气泡。

用硅胶刮刀由中心向外抹一圈，将面糊的表面抹平。将烤箱预热至180℃，以170℃烤28分钟。

＊以上是使用燃气烤箱时的烤制方法。

烤制完成后可以将蛋糕倒插在瓶子上进行冷却。去掉余热后将蛋糕连带模具一起用塑料袋包起来，放置1晚后再脱模，这样蛋糕的口感会更加湿润。

放置1晚的全麦黑麦戚风蛋糕。

烤制出漂亮戚风蛋糕的关键

• 在 P86 步骤 3 制作蛋白霜时，如果打发得不够，水分不能分离出来，泡沫特别松软，蛋白霜就很难和蛋黄面团融合到一起，蛋白霜的泡沫也会很容易破裂导致蛋糕回缩。

• 虽然将蛋白充分打发是非常重要的，但也不要过度打发，搅打至泡沫变得细腻浓稠后再将蛋白霜和蛋黄面糊搅拌在一起，这样泡沫才不容易破掉。仔细将蛋白霜和蛋黄面糊搅匀后再将面糊倒入模具中。

• 将面糊倒入戚风蛋糕的模具后，不要用力将模具从高处放下排出气泡。将较稀的面糊倒入模具中也需特别注意，避免面糊中形成较大的气泡。

• 烤制完成后，脱模时模具的底部（戚风蛋糕的上面）如果出现塌底（凹陷或出现较大的洞），说明下火不够。所以预热时也要将烤盘放到烤箱中，待烤盘也充分预热后再将模具放到烤箱中烤制。

芳香日式马卡龙

甜椒马卡龙

ANKO 私家配方巧克力马卡龙

酥脆口感的马卡龙也非常美味，万无一失的配方

ANKO 私家配方巧克力马卡龙

* 以鸡蛋（蛋白）的重量为基准，配方中蛋白、杏仁粉、砂糖的比例为 1:1:2。
下面以此比例为基准，介绍当蛋白为 40g 重时制作马卡龙的配方。即便使用的蛋白重量不一样，无论是使
用几个鸡蛋的蛋白都可以按照这个比例计算出其他材料的重量。

材料　　约 10 个的量

蛋白	40g
细砂糖	30g
杏仁粉	36g
纯可可粉	4g
糖粉	50g

* 将冷藏的蛋白恢复到常温后再打发，这样制作出来的
蛋白霜会比较稳定。
* 考虑到配方中食材的吸水性，纯可可粉的重量和杏仁
粉的重量一共为 40g。

准备工作

• 将直径 1cm 的圆形裱花嘴和裱花袋组装在一起。
• 准备好和烘焙垫尺寸一样的硬纸板（用于调节下火）。

将糖粉→纯可可粉→杏仁粉按顺序
混合在一起，每加入一样都要仔细
搅匀。过筛后将混合在一起的粉放
入冰箱的冷冻室保存，使用之前再
拿出来（以防可可粉和杏仁粉中的
油脂渗出）。

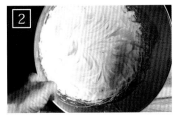

将盆中的蛋白稍微打出泡，倒入全
部的糖，用打蛋器搅打，制作出有
光泽的固体蛋白霜。

把糖一次性倒入蛋白中，
虽然搅打起来比较费力，
但却可以制作出高密度
且稳定的蛋白霜。一定要
制作出光泽较好且泡沫
细密的蛋白霜。

取出冷冻室中混合在一起的杏仁粉、
纯可可粉和糖粉，放到②中的蛋白
霜中。用硅胶刮刀切拌均匀。

开始翻抹。

当把所有材料都混匀后，一边转动
面盆一边将面糊搅拌至鼓胀。

用硅胶刮刀将面糊抹在盆壁上让面
糊内的气泡更加均匀。重复这个动
作直到面糊产生一定的光泽，挑起
面糊时面糊呈带状垂落，慢慢地刮
开面糊让面糊变得松软。

6

从硅胶刮刀上垂落的面糊看起来比较柔软。

Point!

刮面糊时要注意避免摩擦，利用硅胶刮刀的重量自然地刮动面糊。此时如果产生了较大的摩擦力，杏仁粉和纯可可粉中就会有油脂渗出，烤制好的马卡龙上就会有油污浮现。

7

将翻拌好的马卡龙面糊倒进裱花袋中，往铺有烘焙垫的烤盘上挤出直径约 2.5cm 的面糊（挤完后面糊的直径会自然扩展到 3cm 左右）。

Point!

不要晃动裱花嘴，朝着一定的方向挤出漂亮的圆形面糊。挤完时快速转动一下裱花嘴再离开面糊，这样面糊就会分离得很干净。

8

挤完后在下面轻轻敲打，让马卡龙的形状更加整齐。然后用牙签等将面糊表面的气泡挑破。

9

这样在室温下放置 30 分钟~1 小时，等面糊的表面干燥。

用手指轻轻按一下，面糊表面形成一层薄薄的硬膜后即可。如果手指粘上一点点面糊说明干燥得还不够。有时甚至需要晾几个小时。

Point!

在湿度较高的季节如果想缩短制作时间，可以将面糊放到烤箱中干燥。打开预热至 230℃ 的烤箱，用扇子扇几下将预热时产生的水蒸气扇干，然后将放有面糊的烤盘放到烤箱中，不用启动烤箱，一直放到烤箱的温度降到 160℃ 时（这段时间内面糊的表面就会变干），启动烤箱开始烤制。在确认面糊是否变干时，要注意不要烫伤，将手伸到烤箱快速碰一下面糊即可。

10

在 160℃ 的温度下烤 12 分钟左右。烤完后用手指轻轻按一下马卡龙，如果马卡龙会轻轻晃动就还要继续再烤几分钟。烤制时为了控制下火可以在烘焙垫和烤盘之间铺上瓦楞纸板。下火太大马空龙下方就会出现空洞。

如果是制作原味马卡龙或粉色马卡龙，需要先在 160℃ 下烤 5 分钟左右马卡龙出现裙边为止，然后将烤箱的温度降到 130℃ 再烤 8~9 分钟。
＊以上是使用燃气烤箱时的烤制方法。

11

烤制完成后将马卡龙连带烤盘一起拿出来，放置冷却。冷却后再取下烘焙垫上的马卡龙。这样马卡龙饼身就全部制作完成了。

 从侧面看，马卡龙的边缘会形成锯齿状的裙边。

甜椒马卡龙

「材料」 约 10 个的量

蛋白······························· 40g

细砂糖···························· 30g

杏仁粉···························· 40g

糖粉······························· 50g

甜椒粉···························· 3.8g

* 图中为大中小各种不同尺寸的马卡龙。

芳香日式马卡龙

「材料」 约 10 个的量

蛋白······························· 40g

细砂糖···························· 30g

杏仁粉···························· 38.2g

糖粉······························· 50g

研成粉末状的大麦茶················· 1.8g

* 杏仁粉和大麦茶粉的总重量为 40g。

* 图片中马卡龙上面的顶饰是研碎的亚麻籽（分量外）。用裱花袋挤完面糊后再将顶饰放在上面，然后等到面糊表面变干后再烤制。

* 甜椒马卡龙、日式马卡龙和 ANKO 私家配方巧克力马卡龙的做法一样。烤制完成后再夹上自己喜欢的内馅即可。

简单的基础馅料

甘纳许（P89 ANKO 私家配方巧克力马卡龙）

┌ 材料 ┐ 约 10 个的量

考维曲巧克力（烘焙用巧克力）……… 60g

牛奶……………………………………… 36g

发酵黄油………………………………… 6g

| 1 | 使用块状考维曲巧克力时要先切碎。 |

| 2 | 加热牛奶，但不要让牛奶沸腾。 |

| 3 | 将装在容器里的考维曲巧克力碎均匀地撒入热牛奶中，稍微放置一会儿，等到巧克力开始熔化后，用将硅胶刮刀或打蛋器伸到容器底部，打圈搅拌直到巧克力完全熔化。 |

| 4 | 当考维曲巧克力完全熔化后停止搅拌，加入发酵黄油用余热将黄油熔化，搅拌至光滑后将甘纳许冷却到自己喜欢的硬度。 |

＊将甘纳许搅拌光滑后立即停止搅拌。过度搅拌会导致油水分离。

＊因为需要将甘纳许装到裱花袋中，所以去除余热后就要将还有些软的甘纳许提前装到裱花袋中，这样挤出时才会比较漂亮。

●━━━━━━━━━━━━━━━━━━━━━━━━━━━●

失败和需要注意的例子

- 如果烤制前没有将面糊的表皮充分干燥，最后烤出的马卡龙的表面就会变得凹凸不平或不能形成裙边。所以一定要让面糊表皮充分干燥，当面糊表面形成一层橡胶似的薄膜后再烤制。

- 如果搅拌过度，面糊表面就会有油脂渗出，烤制出的马卡龙的表皮也会变薄、变皱，蛋白霜的气泡消掉太多就有可能无法形成裙边。

- 如果搅拌不充分，马卡龙就会失去其独特的色泽，蛋白霜中的气泡过多也是造成马卡龙开裂的原因之一。

- 在使用燃气烤箱烤制时，如果下火较大马卡龙的裙边会比较明显，表面看上去好像烤制成功了，但其实马卡龙的内部很有可能是空洞的，这是一个常见的烤制失败的例子。为了防止出现上述情况，本次烤制时把热传导比较弱的瓦楞纸板垫到了烘焙垫的下面。如果不想用瓦楞纸板，也可以将两个烤盘叠在一起。

黄油奶油霜 （P91 芳香日式马卡龙）

材料   约 10 个的量

蛋黄（大号鸡蛋）·················· 1 个
绵白糖·································· 20g
纯净水·································· 15g

发酵黄油······························· 60g
按照自己的喜好加入洋酒、香草精华、
　抹茶粉································适量
＊自制发酵黄油（参照 P28）或市售发酵黄油。

准备工作

• 先将黄油放置于室温下软化。

1　盆中放入蛋黄和绵白糖搅拌均匀，一边搅拌一边加水制成蛋黄液，锅中装入能够将盆浸没的水并加热
　煮沸，一边隔水加热一边用硅胶刮刀将蛋黄液搅拌成半透明状且具有一定的浓度，在这个过程中一直
　用小火加热蛋黄液。

2　当把蛋黄液搅拌到 1 的状态时将盆从热水中拿出，改用打蛋器将蛋黄搅打成奶油状。去除余热。

3　一点点地加入黄油，一边加一边搅打，制成黄油奶油霜。
　＊即便出现油水分离的情况也要继续搅打，将黄油搅打成光滑的奶油状。

4　按照个人的喜好加入洋酒、香草精等增加奶油霜的风味。
　＊本次制作的芳香日式马卡龙使用了上述的黄油奶油霜，但实际制作时可以按照个人喜好加入绿茶粉等
　各种粉类，这样制作出来的奶油霜也一样非常美味。

5　将适量的奶油霜放在日式马卡龙上，奶油的外侧可以放些研碎的亚麻籽，然后合上马卡龙饼即可。
　＊请尽早食用。

奶油奶酪馅料 （P91 甜椒马卡龙）

材料

奶油奶酪······························· 50g
黄油奶油霜（参照上方）············· 50g
按照自己的喜好加入无花果、葡萄干、
　坚果等馅料·························适量

＊自制低卡奶油奶酪（参照 P28、使用完全沥干水的奶油奶酪）
或市售的奶油奶酪。
＊坚果使用的是焦糖扁桃仁（参照 P35）。将坚果切成任意
大小。

1　将软化的奶油奶酪搅匀，放入黄油奶油霜仔细搅匀。

2　将适量的奶油奶酪放在甜椒马卡龙上，再放上自己喜欢的馅料（水果干、坚果等）。
　＊请尽早食用。

了解各种面粉及其特性

本书使用的都是日本产面粉。这并不是穷讲究，我只是单纯地喜欢这些面粉做出的面包味道，不知不觉中所使用的就是下面介绍的几种面粉了。不同厂家的面粉商品名和成分可能会有所差别。

春丰 blend（高筋面粉）

品质最好的面粉。制成的面团风味上乘具有稳定的延展性。这款面粉打破了日本产面粉延展性都比较差的偏见。

春恋 100（高筋面粉）

这是一款非常具有代表性、口感黏弹的面粉。使用这款面粉制成的贝果面包具有独特的甜香，还可以烤出酥脆且具有一定色泽的面包皮。用来制作容易软塌的黑麦鲁邦种中种面团时可以维持较长时间。

梦的力量（高筋面粉）

与进口面粉相比，日本产面粉的面筋含量一般都比较低，但这款面粉却可以说是超高筋面粉。用这款面粉制成的主食面包的外皮会散发出非常熟悉的甜香。

E65（中高筋面粉）

100% 日本产中高筋面粉。用这款面粉做成的硬面包具有湿润的口感，含有适量的气泡，非常可口。面粉中的矿物质含量较高，具有一定的甜度。

北海道全麦粉

这是一款口感上佳的精磨全麦粉，夹杂着许多茶色外皮。这款面粉可以与小麦粉混合在一起制作中种面团。

春丰石磨全麦粉

100% 春丰小麦制成的石磨全麦粉。这款面粉是用石磨慢慢研出的面粉，颗粒非常细小，烤出来的面包入口即化。还可以用来烤制戚风蛋糕。

北海道产精研黑麦粉

我一整年都用这款面粉来制作黑麦鲁邦酵母种。黑麦特有的酸味不是很明显，可以和其他面粉混合制成各种面包。

Dolce（低筋面粉）

这款低筋面粉做出的面团口感松软、湿润、质地细腻。不仅可以用来制作糕点，制作面包时加入 20%~30% 这种低筋面粉，做出的面包口感会非常松软。

了解面粉的成分和各种面粉的特性

高筋面粉、中高筋面粉、全麦粉、黑麦粉、低筋面粉……虽然面粉的种类有很多，其代表成分均为蛋白质和灰分。

蛋白质含量高的面粉，面筋的形成率就高，吸水性也比较好。灰分体现矿物质和膳食纤维等的含量。用灰分含量高的面粉制作出的甜品上色较好，香味浓郁，风味上佳，但由于酵素活性高，所以做出的面团容易失去弹性，变得软塌。

以上这些信息都可以用来判断一款面粉的特性。制作面团时，只需稍微思考一下面粉的特性，再搭配选择面粉，就更有机会烤出自己想要的面包皮和面包心（面包内柔软的部分）。

除了面粉成分外，还要考虑构成外皮的全麦粉、黑麦粉等面粉的吸水性。面包内部如果能够充分吸收水分，面包就会具有入口即化的口感，同时还能减少吸水性带来的负面影响，这样，即使是一款非常简单的面包也会十分美味。

虽然只是一个小小的面包，但做面包的人心里却会有很多想象。你要不要试试看，烘烤出自己独一无二的面包，每天都享受做面包的乐趣。

*编者注：本书中所用的面粉大部分都可以通过网络渠道或在进口食品商店中购买到，也可以用成分类似的国产面粉来代替。

图书在版编目（ＣＩＰ）数据

天然酵母面包 /(日) 安子著 ; 马金娥译. –– 北京 : 中国民族摄影艺术出版社, 2018.8
　　ISBN 978-7-5122-1126-1

　　Ⅰ.①天… Ⅱ.①安… ②马… Ⅲ.①面包－制作 Ⅳ.①TS213.2

　　中国版本图书馆CIP数据核字（2018）第062577号

TITLE：［自家製酵母で作る毎日食べたいパンとおやつ］
BY：［あんこ］
Copyright © ANKO 2015
Original Japanese language edition published by KAWADE SHOBO SHINSHA Ltd. Publishers.
All rights reserved. No part of this book may be reproduced in any form without the written permission of the publisher.
Chinese translation rights arranged with KAWADE SHOBO SHINSHA Ltd. Publishers, Tokyo through NIPPAN IPS Co., Ltd.

本书由日本株式会社河出书房新社授权北京书中缘图书有限公司出品并由中国民族摄影艺术出版社在中国范围内独家出版本书中文简体字版本。
著作权合同登记号：01-2018-2316

策划制作：北京书锦缘咨询有限公司（www.booklink.com.cn）
总 策 划：陈　庆
策　　划：肖文静
设计制作：王　青

书　　名：天然酵母面包
作　　者：〔日〕安子（ANKO）
译　　者：马金娥
责　　编：陈　溪
出　　版：中国民族摄影艺术出版社
地　　址：北京东城区和平里北街14号（100013）
发　　行：010-64211754　84250639　64906396
印　　刷：北京世汉凌云印刷有限公司
开　　本：1/16　185mm×260mm
印　　张：6
字　　数：72千字
版　　次：2022年4月第1版第5次印刷
ISBN 978-7-5122-1126-1
定　　价：48.00元